Macrofungi on Zhejiang University Campus

浙江大学校园大型真菌图谱

• 朱旭芬　林文飞　霍颖异　/著

• 图力古尔　/主审

图书在版编目(CIP)数据

浙江大学校园大型真菌图谱 / 朱旭芬，林文飞，霍颖异著. —杭州：浙江大学出版社，2019.11

ISBN 978-7-308-19715-1

Ⅰ. ①浙… Ⅱ. ①朱… ②林… ③霍… Ⅲ. ①浙江大学—大型真菌—图谱 Ⅳ. ①Q949.320.8-64

中国版本图书馆 CIP 数据核字(2019)第253766号

浙江大学校园大型真菌图谱

朱旭芬　林文飞　霍颖异　著

图力古尔　主审

责任编辑　秦　瑕
责任校对　王　波
封面设计　春天书装
出版发行　浙江大学出版社
（杭州市天目山路148号　邮政编码310007）
（网址：http://www.zjupress.com）
排　　版　杭州朝曦图文设计有限公司
印　　刷　杭州高腾印务有限公司
开　　本　787mm×1092mm　1/16
印　　张　13
字　　数　173千
版 印 次　2019年11月第1版　2019年11月第1次印刷
书　　号　ISBN 978-7-308-19715-1
定　　价　108.00元

序

校园，尤其是大学校园，是培养人才和科学研究的重要场所，其生态环境及文化氛围非常重要。除了建筑物，校园环境一般由两部分组成，即人为的绿化美化及自然原本。我们往往投入大量的人力、物力、财力去建设前者，而很大程度上改变或弱化后者，以为这样做才是校园文化建设。其实，自然原本也是校园的一部分，它包括自然的河流、湖泊、山丘以及野生植被、花草、菌菇，还有各种可爱的野生动物等。有的校园因一条河流出名，有的因一座山丘而被世人记忆，真正的生态校园更加注重自然原本！

浙江大学有多个校区，校园环境优美，温暖湿润的亚热带气候适合动物、植物及真菌的繁衍生息。

我们常常关注动物和植物，很少有人在校园生态环境中把真菌考虑进去。事实上，真菌与动物和植物同等重要，是多彩生命世界中的一员，是生态环境中必不可少的组成部分。从传统生态观念上看，植物是生产者，动物是消费者，真菌则是分解者。分解者靠自身的酶把动植物的残体及代谢物都分解掉，并把分解产物释放到环境中，让动植物重新吸收和利用，可见真菌的重要性，真菌也因此有“清道夫”的美誉。从人类利用的角度看，真菌也是重要的资源库。中医药宝库中也有真菌药(mycomedicine)的一席之地，如著名的冬虫夏草、灵芝、茯苓等，全国有500余种野生药用真菌。在作物名单当中也有菌类作物(mushroom crops)的一亩三分地，如香菇、猴头菇等脱下野生装束成为“庄稼”，金针菇、双孢菇等“洋蘑菇”进入“蘑菇工厂”。无论是真菌药还是菌类作物，都在日常保健和饮食当中扮演着重要的角色。

真菌中个头大的统称大型真菌，北方人喜称蘑菇，南方人称为菌菇。不管是蘑菇还是菌菇，都来源于真菌界中的担子菌门(Basidiomycota)和子囊菌门(Ascomycota)，是真菌药和菌类作物的重要来源。可喜的是，浙江大学近几年来也注意到菌菇的重要性，成立了专门的研究所，开设了“多彩的菌菇世界”这门课程，该课程深受同学们的欢迎和赞许。林文飞先生是我的老朋友，我们是地地道道的“菇友”。他一专多能，爱好广泛，为人和善，菌菇永远是他的工作核心、事业重心。由于他的执着追求和不俗的业绩，很多蘑菇爱好者、研究者，包括我本人，也走进了浙大校园。走进浙大校园才发现，我苦苦寻觅的菇类就在熙熙攘攘的人群旁、草坪上，有鸡塅菌、隐孔菌、多种小菇……

看到《浙江大学校园大型真菌图谱》，我十分地高兴，愿意为这本图文并茂的书代言。它是一本科普著作，是一本通俗读物。它让人们了解到身边除了动物、植物以外，还有一个美丽的世界——多彩的菌菇世界！愿多彩的菌菇装点浙江大学校园，愿更多的高校关注菌菇、培养更多菌物人才，为中国的菌物药和菌类作物事业添砖加瓦、贡献力量！

图力古尔
吉林农业大学教授、博士生导师
中国菌物学会科普工作委员会主任

前　言

真菌世界是一个趣味盎然、五彩缤纷、争奇斗艳的生物王国。有的菌菇被誉为“人间仙草”，有的被称为“美丽杀手”，有的带着神奇的传说，背后蕴藏着无尽的生命奥秘。真菌是生物多样性的重要组成部分，又是物质循环的一个关键环节，是自然界真正的“清道夫”，维持着生态系统的稳定与平衡。菌菇中有许多口感好、色香味俱全的山珍佳品，也有很多药用价值较高的菌类，还不乏一些可使人中毒的毒蘑菇。据最新研究预测，自然界中真菌总数最高可达380万种，世界上已被描述的只有12万余种。

浙江大学是一所历史悠久、声誉卓著的高等学府。浙江大学紫金港校区占地面积较大。校园内琳琅满目的植物见证着学校的变迁与发展，多姿多彩的大型真菌迎来送往一批又一批的浙大学子。与《浙江大学紫金港植物原色图谱》相配套，我们对校园中发现的多种菌菇进行拍摄与采集，并将其整理、归类汇编成本书，收录了大型真菌共2门5纲15目50科102属184种。各种菌菇按照《菌物字典》第10版的分类系统及真菌索引(index fungorum)网站查取分类地位，查阅参考书籍与文献获取其准确名称。每种用1～3张照片进行展示。书后附有菌菇的拉丁学名以及中文名索引，以便读者查阅。图谱可作为大专院校生物学通识课程的辅助教材，也希望能对读者的科学普及起参考作用。

图谱的出版得到了浙江大学教学研究经费的支持。吉林农业大学图力古尔教授前来我校实地考察，对该图册中校园菌菇照片的分类与命名进行了多次修改，并写了序。研究生薛延博同学做了大量细致的工作，浙江大学出版社教材出版中心为本书的顺利出版付出了辛勤的劳动。在此，一并表示最诚挚的谢意！

由于我们的学识水平与能力所限，书中的错误与不妥在所难免，敬请各位专家与读者不吝赐教，予以批评指正。

朱旭芬
2019年春于启真湖畔

目　录

第一章　大型真菌概述

在茂密的森林、空旷的草地、泥泞的沼泽地，或是田边地头、道路两旁、牧场的粪土、挺拔的树干上都会发现有许多色彩斑斓、大小不等、形状奇特的菌物。它们就像天外的来客，时不时地冒出来，用自己微小的身躯点缀着这个缤纷多姿的大千世界。它们中有的孤零零的，有的成群结队，有的亭亭玉立，构成了一个绚丽多彩的菌物世界。

菌物(mycophyta)是自然界不可或缺的成员，是物质循环中重要的一环。在生态系统中，植物是生产者，可利用无机物合成有机物；动物是消费者，可利用有机物进行生活；而菌物是植物与动物残体的分解者，将有机物分解成无机物，从而形成完整的物质循环系统，维持生态系统的相对稳定与能量流动的平衡。菌物具有细胞核，产生孢子进行繁衍，包括有性和无性两种繁殖方式，没有叶绿素，是营异养生活的有机体。通常所说的菌物包括真菌(fungus)、黏菌(mycetozoa)和卵菌(oomycetes)3大类，其个体为丝状的、分支的细胞结构，典型的特征是被几丁质或纤维素细胞壁所包围。但其中也有无细胞壁的特殊个体，如黏菌就只有原生质膜。人们习惯将真菌中形态个体比较大的叫作大型真菌或蕈菌，俗称为蘑菇(mushroom)。大型真菌中有许多是食用菌与药用菌，它们具有各种多糖等神奇的生物活性成分，如香菇多糖(lentinan)可增强机体的免疫能力，作为健康食品、功能食品以及药用保健品深受人们的青睐。但其中也不乏有毒蘑菇，少数是极毒蘑菇，可致人死亡。

迄今，世界上已被描述的真菌有12万余种，之前推测的保守种数为150万种，而最新的研究预测，自然界真菌的总数可达220万～380万种。其中能形成大型子实体或菌核组织的有6000余种，可供人们食用或药用的有2000余种。大型真菌中的绝大多数属于担子菌门(Basidiomycota)，如味美、营养丰富的香菇、银耳、平菇、猴头菇、灵芝、竹荪、木耳、金针菇等食用菌(图1.1)；少数属于子囊菌门(Ascomycota)，如羊肚菌、虫草等(图1.2)。千姿百态的菌菇组成了丰富多彩的真菌世界，它们当中有的被誉为“人间仙草”,有的被称为“美丽杀手”,有的带着神奇的传说,背后蕴藏着无尽的生命奥秘,有待于人们去揭开其神秘的面纱。

图1.1 担子菌(①香菇;②银耳;③平菇;④猴头菇;⑤灵芝;⑥金针菇)

图1.2 子囊菌(①羊肚菌;②蝉花虫草)

一、大型真菌的形状

大型真菌子实体的宏观形态就是人们肉眼看到的第一印象。子实体(fruiting body)是产生有性孢子的肉质或胶质的大型菌丝组织体,也就是通常被人们称作“菇、菌、蘑、耳、蕈”的食用部分,其由分化的菌丝体(mycelium)组成,是产生孢子的器官。子实体的形态、大小、质地、颜色因菌物种类不同而异(图1.3)。如伞状的蘑菇、头状的猴头菌、保龄球状的杏鲍菇、棒状的蛹虫草、球状的马勃、叶状的银耳。其质地有胶质、腊质、木质、炭质、皮质、肉质和革质等。色泽有黄色、红色、褐色、蓝色、灰色、绿色、黄绿色、粉色、紫色等,各种颜色还有深浅的差异。幼期与成熟的子实体形态与颜色也可能会发生改变。大小也相差甚远,大的可达几十厘米,小的只有几毫米,通常为几到十几厘米。在我国海南尖峰岭上曾发现生长了20多年的较大的单个体多孔菌,其长10m,宽80cm,厚5cm,重量超过400kg。

图1.3　千姿百态的菌菇

典型伞菌的子实体包括帽状的菌盖(pileus)、杆状的菌柄(stipe)以及位于菌盖下面的菌褶(gills)、在菌柄中部或上部的菌环(annulus)和基部的菌托(volva)(图1.4)等。但不是所有的子实体都具有这些结构,许多种类的蘑菇不具有菌环以及菌托。而同时具有菌托与菌环是毒蘑菇的一个显著的特征。

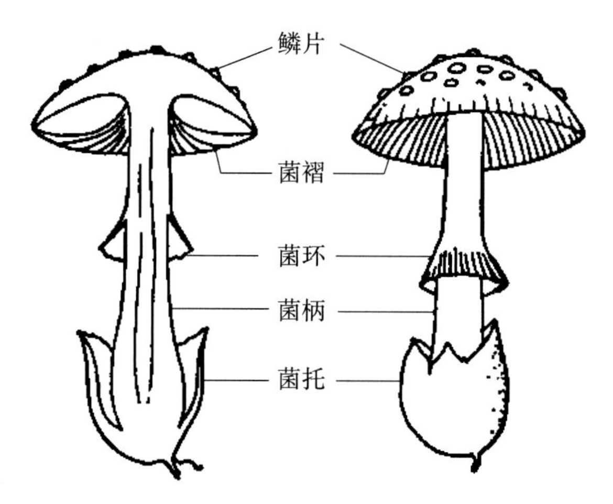

图1.4　典型伞菌的子实体结构

1. 菌盖

菌盖是上面展开的部分,为繁殖器官,能产生孢子。菌盖形态、大小、颜色各异,常见的有钟形、斗笠形、半球形、漏斗形、平展形、扇形、伞形、杯状、碗状、圆柱形、马蹄形、棒形、扫帚状、珊瑚形等(图1.5)。菌盖的边缘有撕裂、上翻、内卷、上翘、皱褶条纹(颗粒、平滑),有的黏性,有的干性。表面光滑、粗糙、湿润或龟裂干燥等(图1.6)。

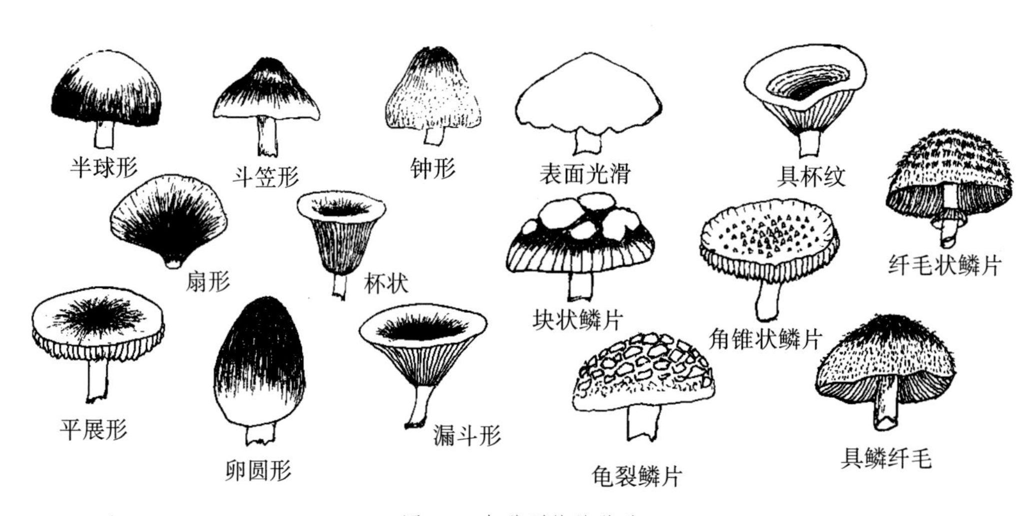

图1.5　各种形状的菌盖

图1.6　多彩的菌盖(①近圆柱形;②⑨⑫半球形;③珊瑚形;④下凹边缘波状;⑤⑥伞形;⑦平展形;⑧中央凸起;⑩边缘撕裂;⑪钟形)

菌盖附生物的鳞片、纤毛或粉末等也因种而异，有的是翘起的，有的成块状鳞片、龟裂鳞片、颗粒状鳞片，有的是毛状的，有的是绒毛状的，有的带有网状棱纹（图1.7）。

图1.7　菌盖鳞片（①块状；②⑧锥状；③颗粒状；④毛状；⑤⑥丛毛状；⑦龟裂状）

菌盖由表皮、菌肉（contextus）与菌褶组成。菌肉由丝状菌丝或泡囊状菌丝组成。菌褶为菌盖下面自中央到边缘的许多呈辐射状排列的片状物，是产生孢子的部位。菌褶有网状侧脉、纵向与横向脉，有时是空口状的结构，小孔中产生孢子，如牛肝菌。菌褶的区别主要表现在着生方式、颜色、疏密、长短、受伤后变色情况等（图1.8）。

图1.8　奇异的菌褶（①侧生；②齿状；③孔状；④弯生；⑤直生；③离生；⑦延生）

2. 菌柄

菌柄是生长在菌盖下面的细长柄，是子实体的支持部分，也是输送营养和水分的组织。菌柄的形状、长短、粗细、颜色、质地、附生物等因种类不同而不同(图1.9，图1.10)。菌柄还有空心与实心之分。着生方式有中生、偏生与侧生等。

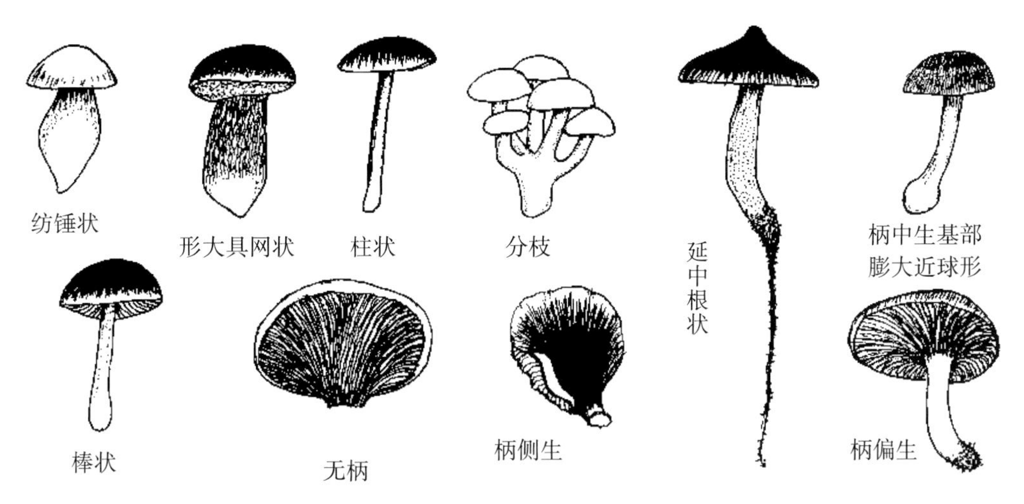

图1.9　形状各异的菌柄

图1.10　菌柄形状(①基部膨大;②近圆柱状至棒状;③假根近圆柱状;④近圆柱状;⑤稍缩生、圆柱状;⑥圆柱状;⑦笔形;⑧梨形)

3. 菌环

菌环是残留于菌柄地上部分的内菌幕(partialveil)。在伞菌子实体幼期,菌盖边缘伸向菌柄,由内菌幕包被着菌褶。当菌盖长大展平时,内菌幕被撑破,残留在菌柄生的单层或双层环状膜。内菌幕是菌盖与菌柄间的连接膜。菌环种类多样(图1.11,图1.12)。

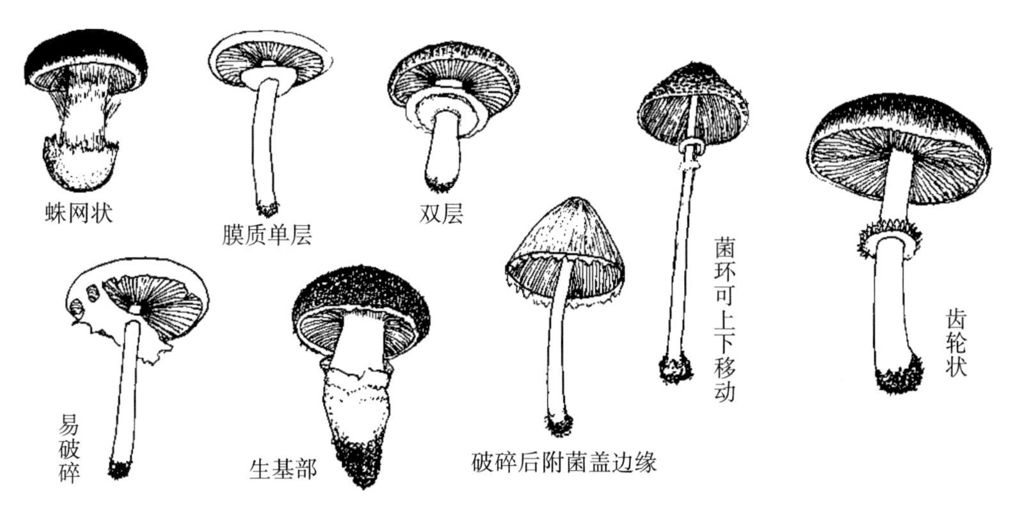

图1.11　菌环

图1.12　菌环(①~④幕状;⑤⑥上位;⑦⑧中位)

4. 菌托

菌托是菌柄基部的膜质、球茎状、膨大的，由外菌幕(universalveil)破裂而形成的苞状、囊状、环圈状或杯状物(图1.13)，是担子果包被开裂后的残留物。相对于内菌幕，有些子实体幼小时外面有一层膜包被，叫外菌幕。当菌柄伸长时，包被破裂，残留在菌柄的基部的一部分成为菌托。菌托的形状多样(图1.14)。

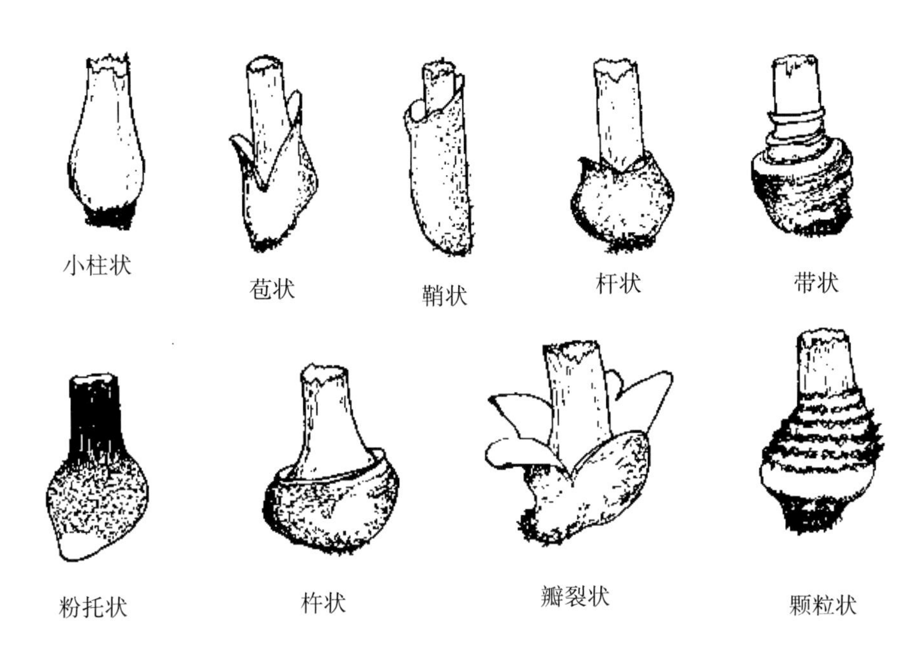

图1.13　菌托

图1.14　菌托(①杯状；②菌托退化；③④鞘状；⑤鳞茎状；⑥杵状)

菌柄与菌褶的连接方法也各不相同，有直生(adnate)、弯生(adnexed)、离生(free)、延生(decurrent)等(图1.15)。边沿有全缘、波状、缺刻、锯齿状等。

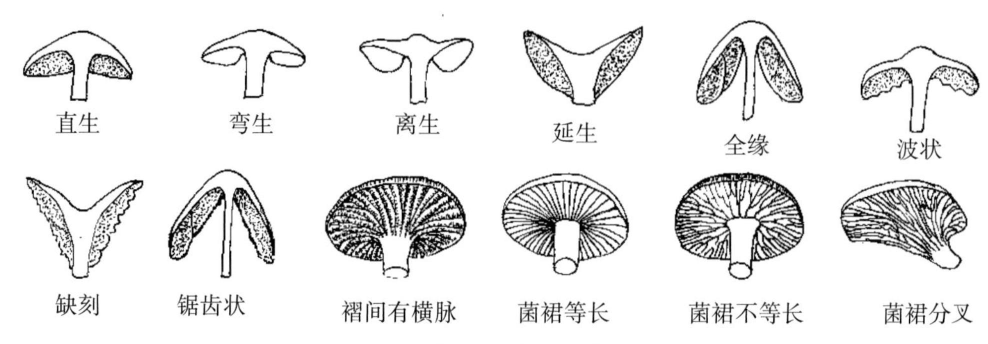

图1.15　菌褶与菌柄的连接方式

大型真菌子实体的菌盖、菌褶、菌柄、菌环与菌托等结构是鉴别真菌个体的主要特征，而孢子印也是分类鉴定的重要依据。孢子印(spore print)也称“孢子纹”，是将菌菇去除菌柄后，将菌盖部分放在纸上，菌褶朝下，放置2～3h或更长时间，然后轻轻取出菌盖，孢子按菌褶放射状排列的方式散落在纸上，形成的图纹(图1.16，图1.17)。

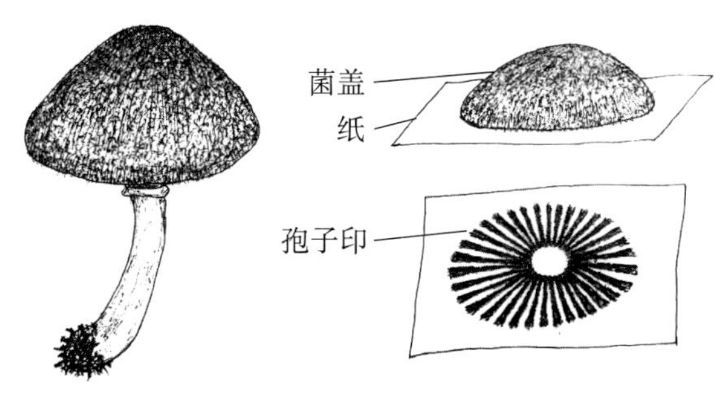

图1.16　孢子印

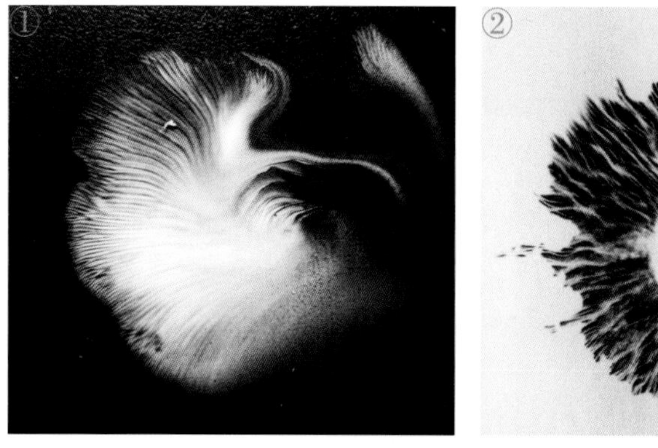

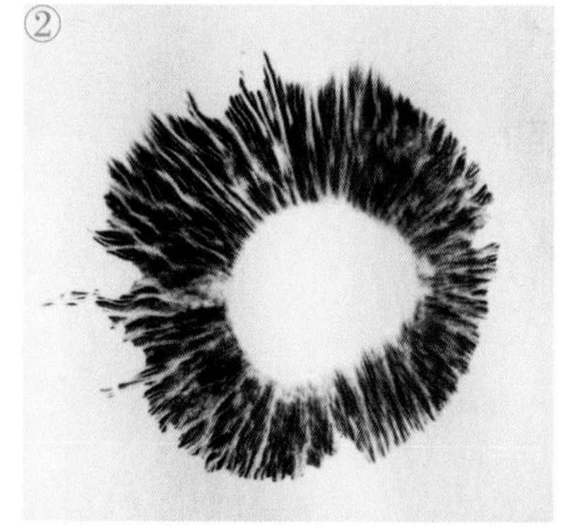

图1.17　两种具体蘑菇的孢子印(①平菇；②双孢蘑菇)

大型真菌的孢子主要是指有性孢子，其形状、大小、纹饰与颜色等特征因种类不同而不同。如不同种类的形状有卵圆形、椭圆形、纺锤形、具麻点、网纹、刺棱、疣突等。图1.18就是灵芝孢子粉的收集与其孢子的显微照片，灵芝的孢子长在伞盖下面，散落在铺有塑料薄膜的地表面，厚厚一层很像巧克力粉。真菌的孢子还会寄生在虫体上，不断从虫体吸收营养，长出子实体，如冬虫夏草（图1.19）。

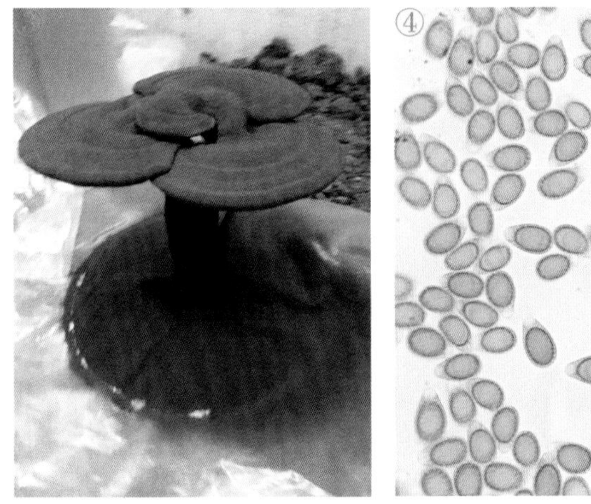

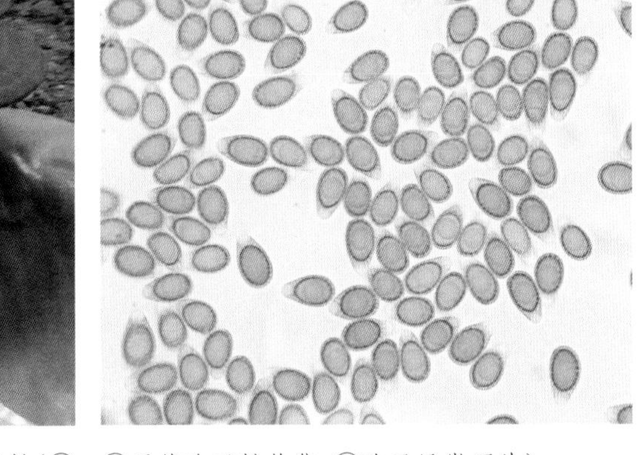

图1.18　灵芝孢子粉（①~③灵芝孢子粉收集；④孢子显微照片）

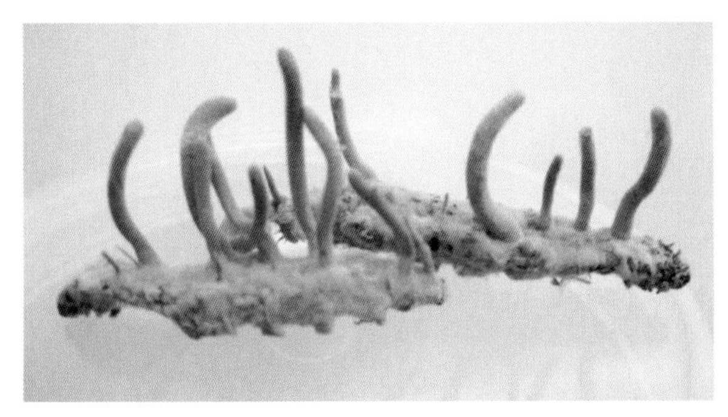

图1.19　虫体上长出的虫草（左：蚕虫草；右：蛹虫草）

二、大型真菌的分类与命名

生物的分类单位或等级依次是域(domain)或界(kingdom)、门(phylum)、纲(class)、目(order)、科(family)、属(genus)、种(species)七级。其中种是一个最基本的单位。种有稳定的形态特征,具有固定的自然分布区域或地理群居,与其他物种有生殖隔离。在各等级中,属以上的单位都有一定的词尾,如门为-mycota;纲为-mycetes;目为-ales;科为-aceae。

生物分类系统中较有影响力的是五界系统,1969年康奈尔大学的魏泰克(R. H. Whittacher)根据生物细胞的结构特征和能量利用方式的基本差异,在科学杂志上发表了《生物界级分类的新观念》,提出了生物分为动物界(Animalia)、植物界(Plantae)、原生生物界(Protista)、原核生物界(Monera)、真菌界(Fungi)五界(图1.20)。此学说显示了生物界比较完整的纵向与横向的统一,反映了纵向从低等形态到高等形态,即原核生物→真核单细胞生物→真核多细胞生物的三大进化阶段;横向的营养发生为光合营养(photosynthesis)→吸收营养(absorption)→摄食营养(ingestion)的生物演化三大方向,引起了学术界的巨大反响和普遍支持。

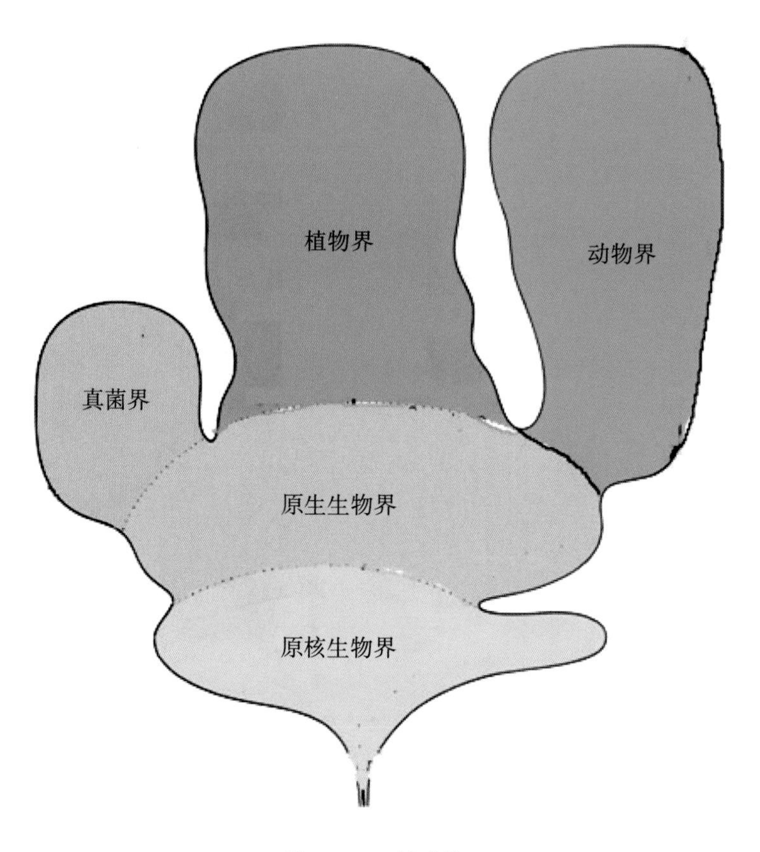

图1.20　五界系统

1976年，美国科学家伍斯(C. R. Woese)建立了16S或18S rRNA寡核苷酸序列的分类，以反映生物物种的亲缘关系，可作为探索生物进化过程的“计时器”或“进化钟”(chronometer)。1990年，他又根据序列研究提出了生命系统树的三域学说(three domain proposal)，即由细菌域(Bacteria)、古菌域(Archaea)和真核生物域(Eucarya)构成(图1.21)。

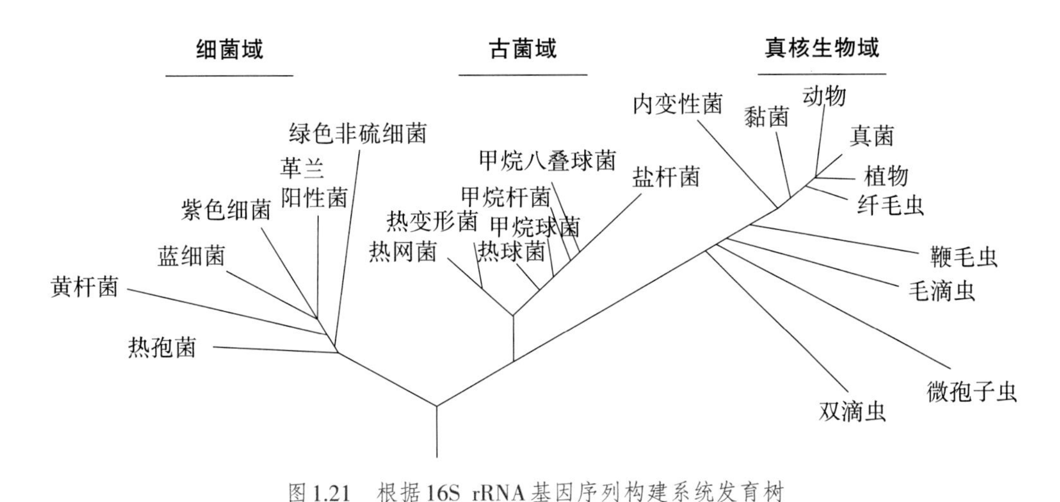

图1.21 根据16S rRNA基因序列构建系统发育树

1. 分类

大型真菌在生物系统发育树上处于一个进化上比较高级的节点，又称高等真菌。其分类是依据包括有性生殖的各种器官、无性菌丝、孢子和菌落形态特征等。其分类特征包括分子特征、形态特征、生理生化、细胞化学和生态特征等。主要按照繁殖的特点，特别是有性繁殖的结构、产生有性孢子的种类来进行分类命名。如担子菌的有性生殖是产生担子(basidium)和担孢子(basidiospore)，其担子着生在具有高度组织化的结构子实层上，这种担子菌的产孢结构叫担子果(basidiocarp)；子囊菌的有性生殖是产生子囊(ascus)和子囊孢子(ascospore)，成千上万的子囊束集在一起形成的杯状或瓶状的结构，即子囊果(ascocarp)，子囊包在其中。

(1)分子特征。包括18S rRNA基因序列分析、18S-28S rRNA转录间隔区(internally transcribed spacer,ITS),以及生物DNA的G+C含量分析等。

真菌的18S rRNA基因序列可利用正向21F引物与反向1419R引物来进行扩增(图1.22),21F(5′-CTGGTTGATYCTGCCAGT-3′)和1419R(5′-GGGCATCACAGACCTGTTAT-3′)分别对应于酿酒酵母(*Saccharomyces cerevisiae*)的4~21nt和1419~1438nt。

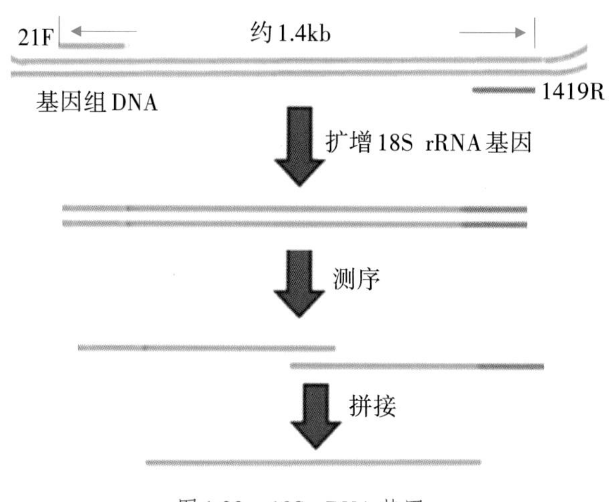

图1.22 18S rRNA基因

转录间隔区ITS具有长度和序列上的多态性,有信息补充的作用。ITS1、ITS2、ITS3、ITS4等引物可扩增145~695bp扩增子。利用ITS1F(5′-CTTGGTCATTTAGAGGAAGTAA-3′)或ITS1(5′-TCCGTAGGTGAACCTGCGG-3′)与ITS4(5′-TCCTCCGCTTATTGATATGC-3′)引物扩增的片段为650~750bp(图1.23),可对该片段进行分析。

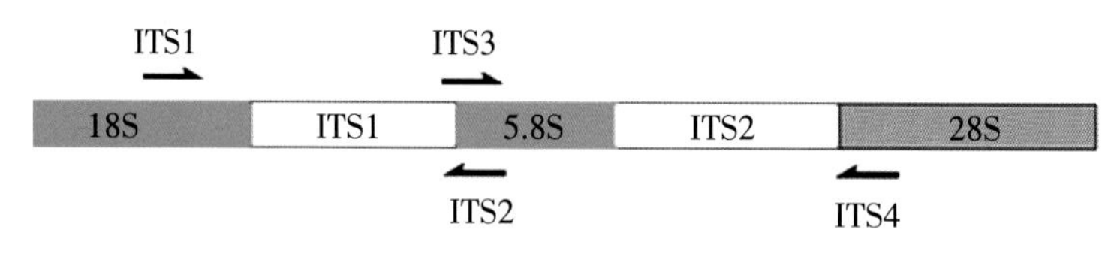

图1.23 rRNA转录间隔区ITS

(2)形态特征。大型真菌的形态包括群体形态和个体形态两方面。群体形态一般以肉眼或借助低倍显微镜,观察其生长在标准培养基上和一定的培养条件下的菌落外观的质地、色泽、生长速度和渗出物等。个体形态是指在显微镜下观察其菌丝和孢子或子实体的结构形态、颜色、大小、表面的特征等,包括外部形态、内部解剖。此外,还可采用电子显微镜来观察其超微形态和结构。真菌是以孢子的形式进行繁殖的,有性孢子与无性孢子在不同的种类之间有较大的变化。同一个种的孢子大小、形状及颜色又较为固定。可根据孢子的特征、产生方式,以及培养特征进行分类。

(3)生态特征。大型真菌有相对稳定的生态习性,最基本的环境因子是能源、营养物质等。真菌对营养物质的要求差异很大,其营养方式有腐生(pythogenesis)、寄生(parasitism)、共生(symbiosis),它们可从土壤或森林树木上获取生长所需营养。此外,真菌的生长还需要阳光、水分、氧气、温度以及适宜的pH条件等,不同种类有不同的成熟期气候条件,还有些种类其幼期与成熟期的形态变化较大。不同真菌在形态、营养、繁殖等方面对生态因素有着特定的要求和耐受,如细网牛肝菌(*Boletus satanas*)喜生于含钙的土壤,且培养条件改变,子实体的形态也会发生变化,如灵芝从幼小到成熟的生长过程以及在缺氧的条件下,其形态都会发生改变(图1.24)。金针菇又名冬菇,现在我们食用的是栽培种类,形态与野生的相比,发生了很大的变化。原野生的金针菇个体较大、开放,颜色为浅黄色,而经过长期驯化与缺氧栽培,其个体变细长,颜色也变为白色(图1.25)。

图1.24　灵芝(①~③,幼龄菌;④成熟菌;⑤缺氧条件下)

图1.25　金针菇(冬菇)(①②野生个体大、开放、黄色;③长期驯化缺氧栽培)

此外,在适当的环境中,人们还可以发现蘑菇圈。所谓蘑菇圈(fairy ring)也称仙人环,它是由于蘑菇菌丝的辐射生长引发的。真菌的菌丝由中间点向四周蔓延长开,时间长了,按照一定的规律生长,就形成了自然的菌丝体环,并长成蘑菇圈(图1.26)。蘑菇圈直径小则数米,大则上百米。

图1.26　蘑菇圈

(4)生理特征。不同真菌对碳源和氮源的同化作用不同,发酵的碳源也有差异。通常将是否利用硝态氮、亚硝态氮、铵态氮或有机氮源等作为区分真菌的依据。多数真菌对温度的要求常有差别,且生长繁殖过程中对温度有一定的要求。温度测试是某些真菌鉴别的重要方法。

2. 命名

大型真菌的命名与其他生物一样，都是按国际命名法进行的，采用1753年瑞典林奈氏(C. Linnaeus)所创立的“双名法”。真菌的学名都按属名与种加词进行命名，由两个拉丁字或者拉丁化的其他文字组成。前面是属名，第一字母大写，用来描述生物的主要特征，如形态、生理等；其后是种加词，全部字母小写，用来描述生物的次要特征，如颜色、形状和用途(图1.27)。属名与种加词都是斜体字。属名与种加词后面的括号内是首次命名者的姓名或是姓名缩写(缩写时须加“.”)，再后面则是再命名者，命名者全用正体字。命名人的缩写如Linnaeus缩写为L.，Fries缩写为Fr.，Persoon缩写为Pers.等。两人共同命名，则在两个姓之间加“&”或“et”。如果一个学名由一学者命名后，但未曾合格发表，后由另一学者合格发表了，两个姓之间加“ex”。当某一真菌只知其属名，而其种名未确定时，其种名加词可用sp.表示；如果是一些真菌，则用spp.表示。

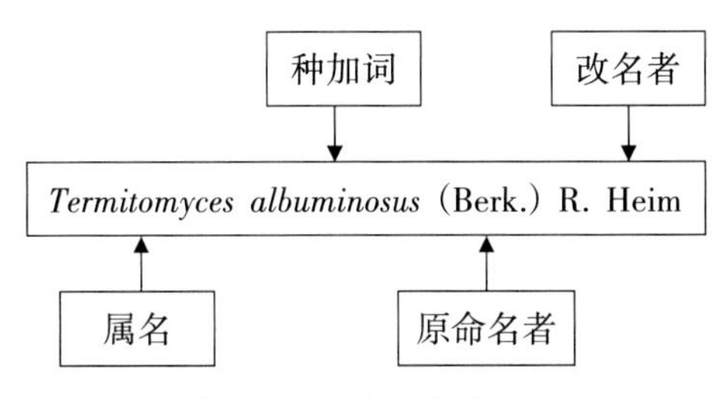

图1.27　双命名法及表示

当表示生物的亚种(subspecies，subsp.)、变种(variety，var.)或变型(form，f.)时，学名就由“三名法”构成，其是以双名法为基础的。而亚种是指种的地理环境、生态区域不同；变种一般是指形态结构的变化；变型是指寄生于特定寄主变化的真菌物种。通常属名、种名与亚种(变种、变型、栽培变种)名印刷体一律斜体，而变种(亚种、变型、栽培变种)的符号为正体字(图1.28)。即学名=属名+种加词+变种(亚种、变型、栽培变种)符号+变种(亚种、变型、栽培变种)加词。

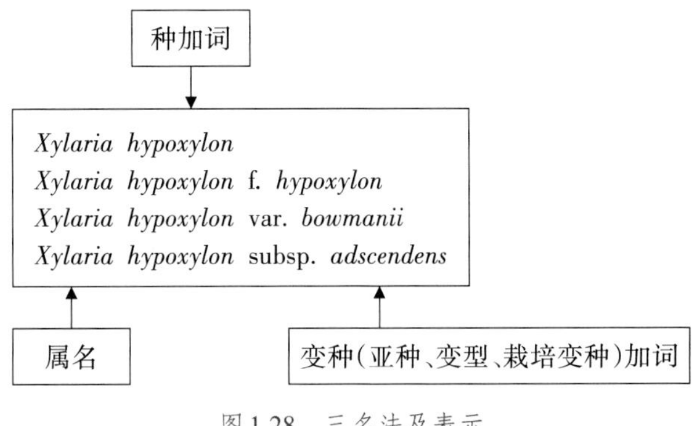

图1.28　三名法及表示

此外,偶尔在以前发表的学名中也会发现,其属名与种加词之间出现正体字cf.,表示的是相似种,为拉丁文相似种(conformis)的缩写。另外,正体字aff.为亲近种(affinis)的缩写。但cf.与aff.这些写法不正规,中文名常将“近似种”或“亲近种”写在种名之后括弧内。

三、大型真菌的生活史

细胞经一系列生长、发育,繁殖产生下一代个体的全过程,称为生物的生活史或生命周期(life cycle)。真菌的繁殖能力强,方式多样,可通过无性繁殖和有性繁殖的方式产生大量的新个体,也可通过任何一部分菌丝断裂进行繁殖,但主要是形成无性孢子或有性孢子进行繁殖。通常真菌的细胞或菌丝生长到一定阶段,往往先进行无性繁殖,到后期,特别是当环境不利或营养不良时,在同一菌丝体上进行有性繁殖。菌丝体上分化出特殊的配子囊(gametangium)或配子(gamete),经过质配(plasmogamy)与核配(karyogamy)形成双倍体的细胞核,最后经减数分裂(mitosis)形成单倍体孢子,孢子再萌发形成新的菌丝体。

1. 担子菌

担子菌多数腐生于木材、有机物上及腐殖质丰富的土壤中,如食药用菌。常见的各种蘑菇、香菇、木耳、银耳、猴头菇、灵芝等就是其子实体担子果。担子果是着生担子的高度组织化的结构,其发育类型有裸果型(gymnocarpous)、被果型(angiocarpous)、半被果型(hemiangiocarpous)和假被果型(pseudoangiocarpous)4类。①裸果型:子实层着生在担子果的一定部位,从一开始就暴露于外,如猴头菇、灵芝、银耳以及木耳。②被果型:子实层包裹在子实体内,担子在完全闭合的担子果内形成,担子成熟时也不开裂,成熟的担孢子从担子果的孔口散出,或在担子果分解或遭受外力损伤时担孢子才从破裂的担子果内释放出来,如马勃。③半被果型:子实层最初有一定的包被,在担子成熟前开裂露出子实层,如伞菌蘑菇。④假被果型:子实层产生孢子的结构被菌盖包裹起来,菌盖往里卷,把菌褶保护起来,孢子成熟时菌盖打开,暴露在外,孢子释放出来,如虎皮香菇。

担子菌的特征是产生担孢子。用显微镜观察菌褶时,可见棒状细胞,叫担子,顶端有四个小梗,每一个小梗上生一个担孢子(图1.29)。

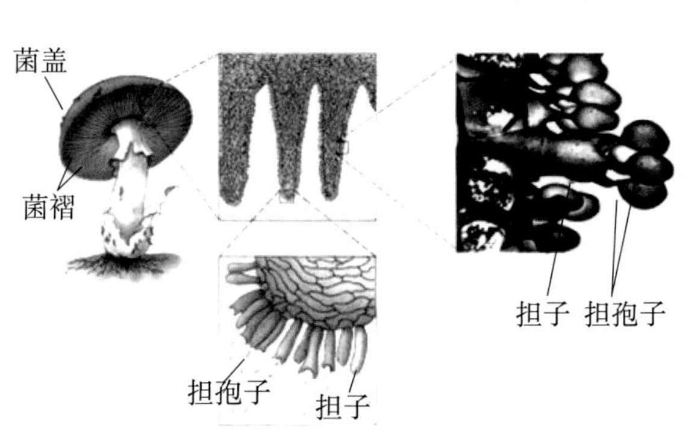

图1.29 担子与担孢子

菌菇不只是长在地面培养基上面的子实体，在培养基下面还有微小的菌丝作为支撑，相互缠绕，仿佛是一个神秘的地下世界。担子菌的生长为孢子→菌丝（单核菌丝→双核菌丝→二倍体菌丝）→菌丝体→子实体→担子→担孢子。菌丝（hyphae）是孢子吸水后萌发，在培养基上向各个方向辐射状延伸、分支的管状结构，菌丝管状细胞内含有一个或多个细胞核。按照横隔的有无可分为有隔菌丝（septate hypha）与无隔菌丝（coenocytic hypha）（图1.30）。按细胞内核的个数分为单核菌丝、双核菌丝、多核菌丝以及二倍体菌丝；按生长的空间分为伸入培养基内吸收养料的基内菌丝（substrate mycelium）及伸展到空气中的气生菌丝（aerial mycelium）。气生菌丝发育到一定阶段分化成繁殖菌丝（reproductive mycelium）。无数纤细的菌丝交织而成的丝状体或网状体，为菌丝体（mycelium），通常为白色绒毛状（图1.31）。

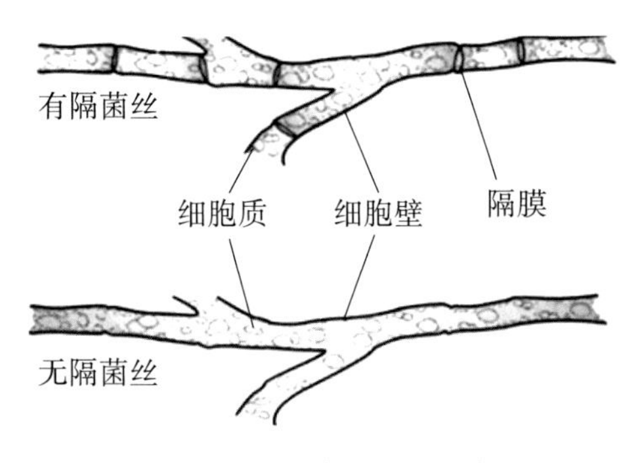

图1.30　有隔菌丝与无隔菌丝

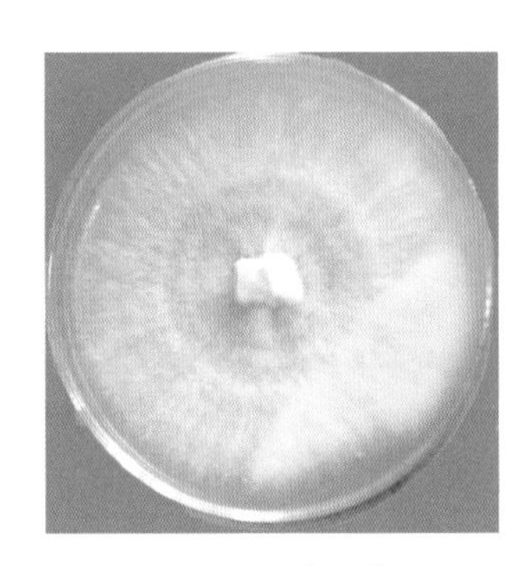

图1.31　菌丝体

营养菌丝体的主要阶段为双核体，担子菌的菌丝可分为初生菌丝（primary mycelium）、次生菌丝（secondary mycelium）与三生菌丝（tertiary mycelium）3种。

（1）初生菌丝是由担孢子萌发产生的，初期无隔，单细胞多核菌丝，不久产生横隔将细胞分开而成为多细胞单核菌丝，菌丝细，分支少、生长慢，不结实（图1.32）。

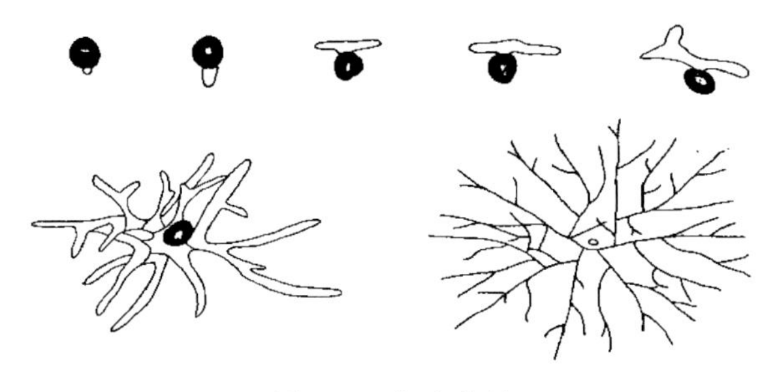

图1.32　初生菌丝

(2)次生菌丝是由性别不同的两个初生菌丝经过质配(不进行核配)形成的多细胞双核菌丝(图1.33)。细胞壁上有锁把状突起,次生菌丝的顶端细胞常以锁状联合(clamp connection)的方式来增加细胞的个体。即双核细胞开始分裂之前,在两核之间生出一个钩状分枝。细胞中的一个核进入钩中,两个核同时分裂形成四个核。分裂后钩状突起中的两个核一个留在钩中,另一个进入菌丝细胞前端。而原来留在菌丝细胞中的核分裂后,一核向前移,另一核留在后面。钩向下弯曲与原来的细胞壁接触,接触的地方壁溶化而沟通,同时在钩的基部产生隔膜。最后钩中的核向下移,在钩的垂直方向产生一个隔膜,一个细胞分成两个细胞,每一个细胞都具有双核,锁状联合完成(图1.34)。

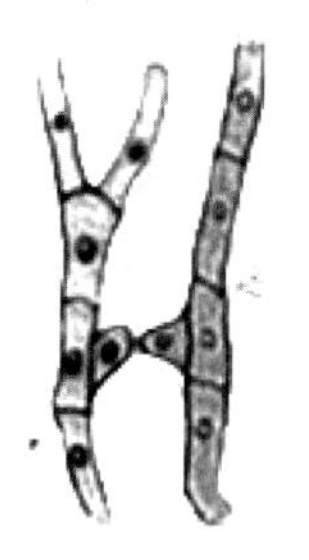

单核菌丝接合

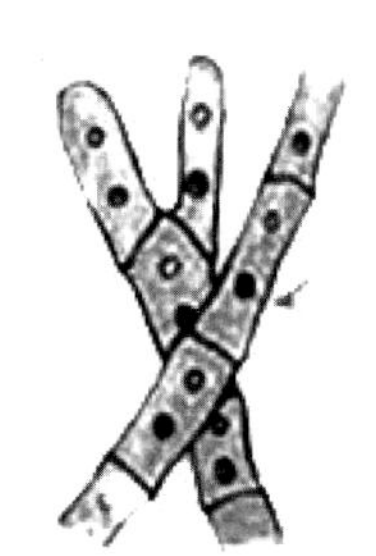

双核菌丝

图1.33　单核菌丝与双核菌丝

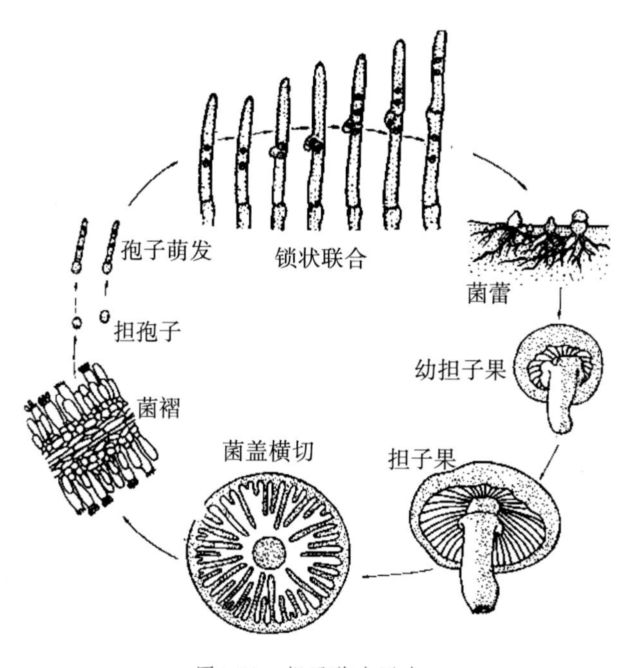

图1.34　担子菌生活史

(3)三生菌丝是次生菌丝特化形成的,特化后的三生菌丝形成各种子实体。担子菌的双核菌丝顶端细胞膨大后形成担子,担子内的两性细胞经过合配后,形成一个二倍体的细胞核,再经减数分裂,便产生4个单倍体的核,这时在担子顶端长出4个小梗,小梗顶端稍微膨大,最后4个单倍体核就分别进入小梗的膨大部位,从而形成4个外生单倍体担孢子(图1.35)。担孢子通常为球形、卵形、长形、腊肠形;通常无色或有色,有色的担孢子颜色一般很淡,只有大量的担孢子聚集在一起才可以分辨,有绿色、黄色、橙色、粉红色、褐色或黑色等。

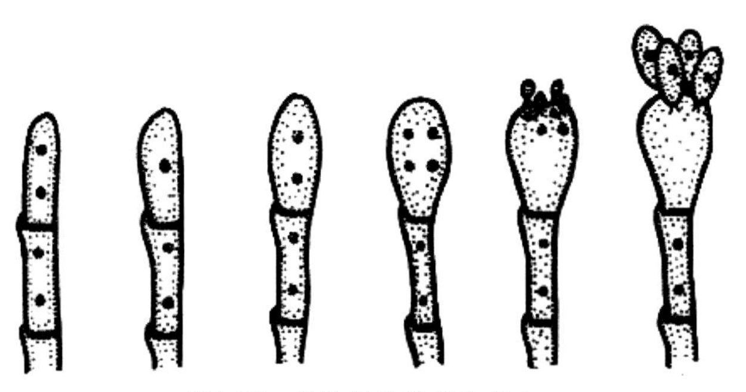

图1.35　担孢子的形成与产生

2. 子囊菌

多个子囊外部由菌丝体组成共同的保护组织结构为子囊果,子囊包在其中(图1.36)。因各种子囊果形态、大小不同,可分成闭囊壳(cleistothecium)、子囊壳(perithecium)和子囊盘(discocarp)3类。①闭囊壳:子囊产生于完全封闭的子囊果内。②子囊壳:子囊被几层菌丝细胞组成特殊的壁所包围,子囊果成熟时出现一个小孔,通过孔口放出子囊孢子。③子囊盘:仅在子囊基部由多层菌丝组成盘状,子囊平行排列在盘上,上部展开犹如果盘。

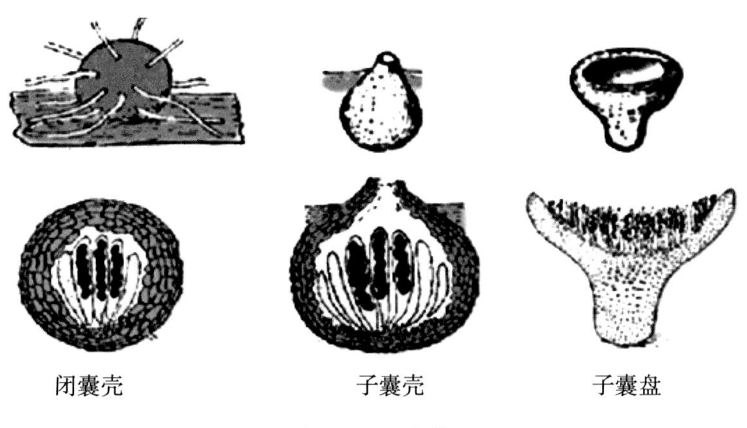

图1.36　子囊果

子囊大多呈圆筒形或棍棒形，少数为卵形或近球形，有的子囊有柄。每个子囊内含$2n$个子囊孢子，通常为8个，子囊孢子的形态、大小、色泽及纹饰等都是分类的依据（图1.37）。子囊菌大部分为陆生，许多种是腐生，多生长于植物残体或碎片上，或动物的粪便上。

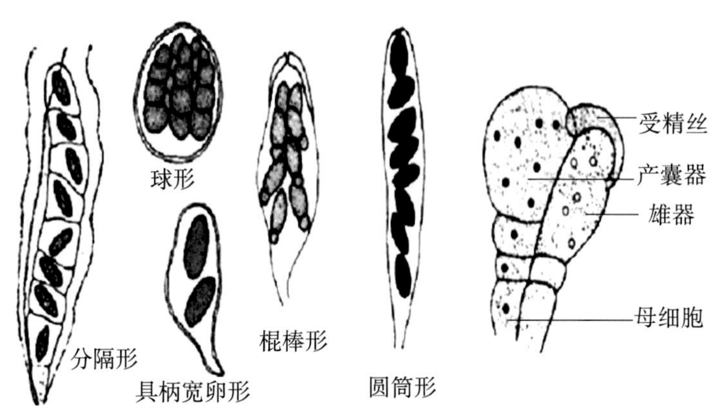

图1.37　子囊孢子

子囊菌发育到一定阶段，临近的两个性别不同的细胞接近，各伸出一个小的突起而相接触，接触处细胞壁溶解，局部融合形成一个通道，然后进行质配、发生核配形成二倍体核的接合子，接合子或者以二倍体方式进行营养细胞生长繁殖，独立生活，下次有性繁殖前进行减数分裂；或者在合适条件下接合子经减数分裂，形成4个或8个子核，每一子核外包以细胞质，逐渐形成子囊孢子，而原有细胞即成为子囊。子囊孢子萌发形成单倍体营养细胞（图1.38）。

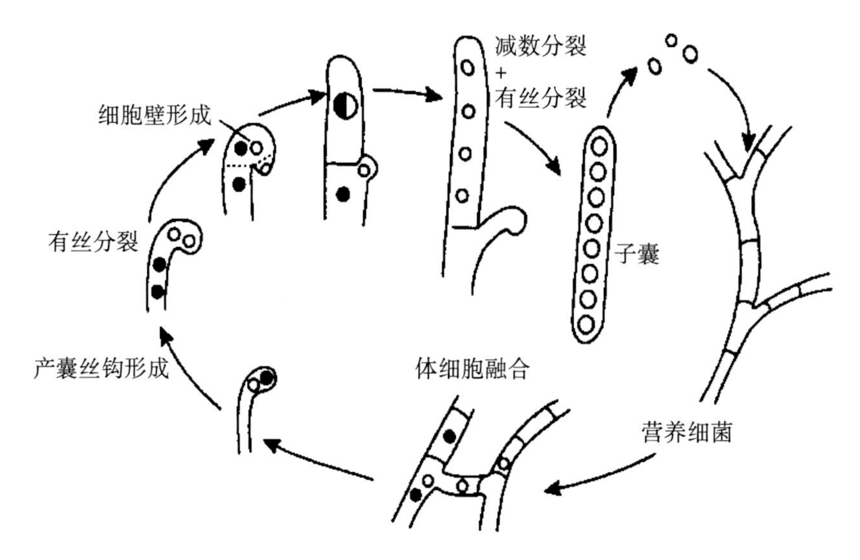

图1.38　子囊菌的生活史

四、黏菌

为了更好地识别真菌，区分真菌与黏菌，现简单介绍一下黏菌。黏菌也称裸菌，与真菌和原生动物均具有表型上的相似性，但比它们更古老，分为细胞黏菌与非细胞黏菌2个类群。黏菌分布于潮湿、阴暗与温暖之处，主要生活在腐烂的植物基质上，如枯枝落叶、木头以及阴湿的土壤中(图1.39)，以吞噬方式摄食。其食物主要是其他微生物，特别是细菌。在生活周期中，黏菌可形成无细胞壁多核的原质团(plasmodium)营养体，能产生艳丽多彩的子实体，以孢子进行繁殖。原质团在基质上爬行，会留下一明显的"黏径"。黏菌是一个很有开发前景的类群，具有惊人整齐的同步分裂、井然有序的聚集与细胞分化能力。有学者认为研究黏菌可解决交通拥堵问题，因为黏菌能选择最近的路径到达目的地。

图1.39　黏菌

总之，作为地球的"清道夫"，真菌与人类关系非常密切。然而，目前已知的真菌种类只占了总量的3%左右，大量未知的种类有待于我们去开发与利用。

第二章　浙江大学大型真菌教学相关介绍

一、校园平面分布图

国有成均，在浙之滨。浙江大学是一所历史悠久、声誉卓著的高等学府，位于东南沿海，长江三角洲南沿和钱塘江流域，浙江省北部、钱塘江下游、京杭大运河南端。全年平均气温18℃，平均相对湿度71%，四季分明，光照充足，空气湿润，雨量充沛。

浙江大学在杭州有紫金港校区、玉泉校区、西溪校区、华家池校区与之江校区5个校区。紫金港校区位于杭城西部塘北地块，毗邻著名而又古老的国家公园西溪湿地风景区（图2.1）。玉泉校区位于西湖西北角，紧邻杭州植物园；西溪校区位于杭州西北部的天目山路；华家池校区位于杭州市东边；之江校区坐落在钱塘江畔、六和塔边的月轮山峦。此外，还有舟山校区以及海宁国际校区。

①

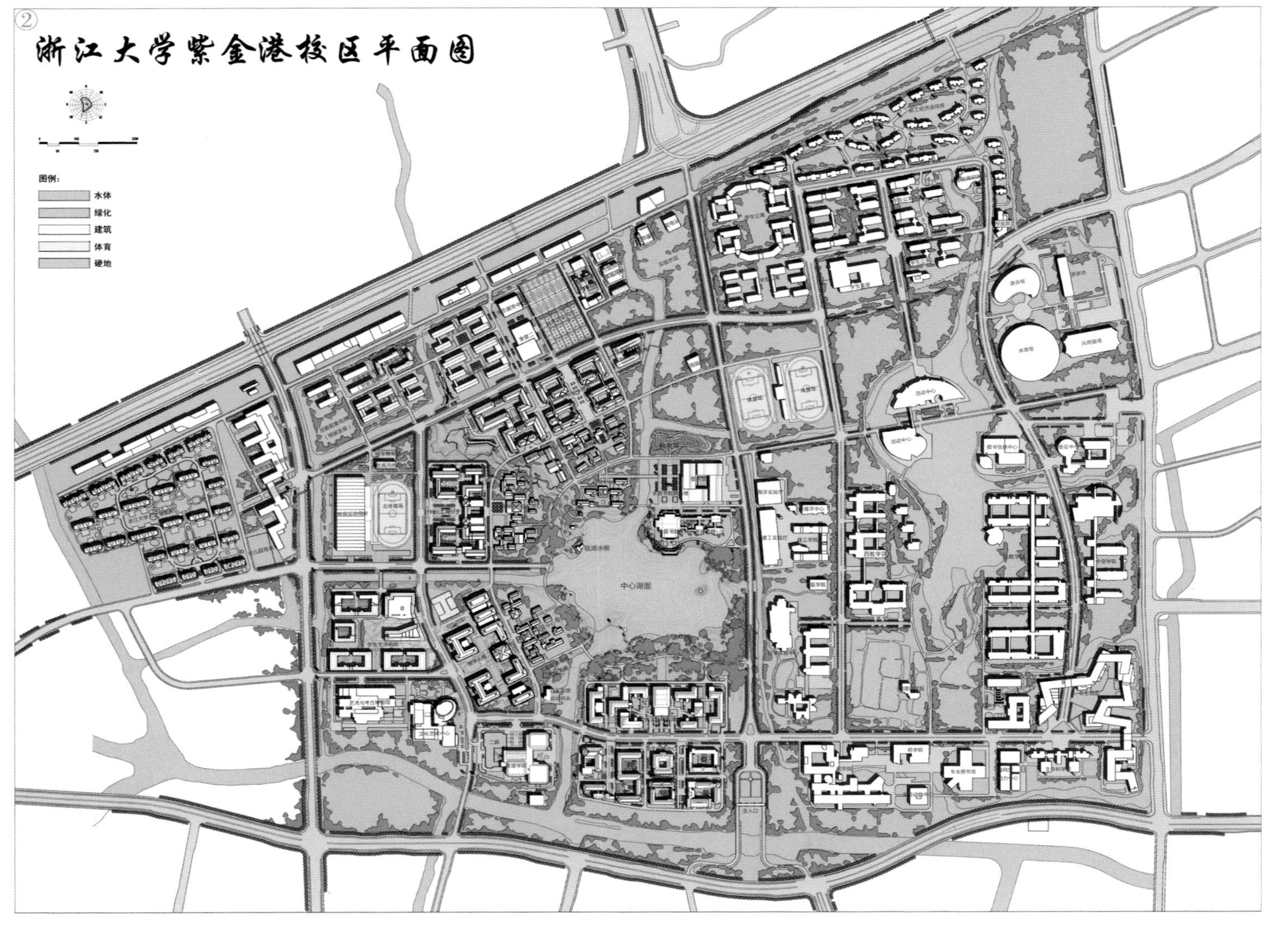

图2.1　浙江大学紫金港校区(①求是书院;②浙江大学紫金港校区局部平面图)

二、大型真菌标本室与教学基地

浙江大学生命科学学院食药用菌研究所位于生物学国家级实验教学示范中心一楼，建有一个大型野生真菌标本室（图2.2），并配备有大型真菌栽培温室。

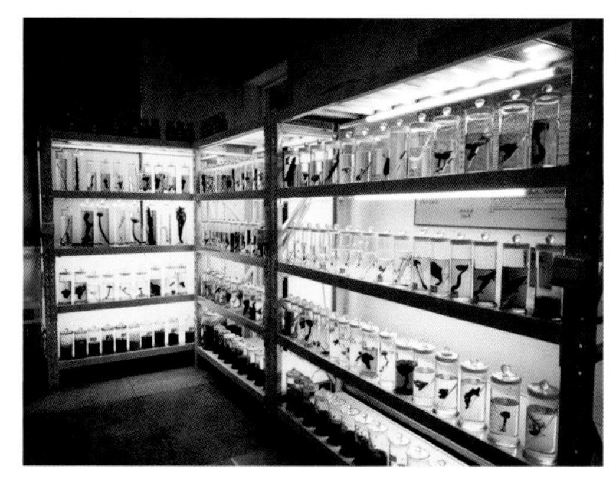

图2.2　标本室

1. 标本室

标本室收藏了从20世纪80年代开始林文飞从全国各地采集的各类大型野生真菌的子实体标本近8000份（图2.3），隶属于21目、72科、290多属、1600多个品种。所有的标本有形态特征、生态习性、地理分布和产地的记述，中文名称和拉丁学名的索引，以及食用、药用、有毒、木腐、菌根等的标注。迄今，该标本室已陆续接待了包括中科院微生物所、清华大学、北京大学、华中农业大学、吉林农业大学、南京农业大学、武汉大学等在内的30多所高校及科研院所的专家、学者，以及许多食药用菌从业人员、社会各界的生物学爱好者等。

图2.3　收藏的标本

2. 大型真菌栽培温室

大型真菌栽培温室栽培的灵芝和雅致栓孔菌(图2.4)。

图2.4 大型真菌栽培室(左:灵芝;右:雅致栓孔菌)

三、通识课程

2014年,浙江大学开设了全校性的本科生生物学通识课程,并于2017年进行了更新升级。通识课“多彩的菌菇世界”为1学分,每周3个学时。课程理论与实践相结合,面向全校非生物学专业的学生,主要是通过与大型真菌这一独特种群的接触,让学生贴近生物,了解生物学的基本观察与操作方法,引起其对生物多样性、物种的生存竞争和自我保护、生态系统的动态平衡、生物类产品开发等问题的兴趣。引发学生对大自然观察、感受、了解以及敬畏与欣赏,对生命繁衍、人与自然和谐相处的意义更深层次的思考。课程的内容安排见表2.1。

表2.1 “多彩的菌菇世界”课程安排

周次	授课主题	课时
1	初识菌菇世界(理论)	3
2	菌菇的生活史和生长条件(理论+操作实践)	3
3	显微观察及接种棒菌丝体观察(操作实践)	3
4	菌菇群落室外考察(操作实践)	3
5	一些传闻中的神奇菌菇解密(理论+操作实践)	3
6	典型食药用菌的功能与开发(理论+操作实践)	3
7	菌菇栽培基地实习考察(操作实践)	3
8	我国独特的菇民文化(讲解+录像)	3

1. 菌菇的认识

蘑菇种类繁多、营养丰富，高蛋白、低脂肪，富含人体必需氨基酸、矿物质、维生素和多糖等营养成分的健康食品。部分可作为名贵中药材，能增强机体的免疫力，具有保健作用。如竹荪具有“天然防腐剂”“蘑菇皇后”称号；猴头菇对胃黏膜有保护作用；木耳有降血脂作用，银耳对心脑血管有保护功能；金针菇能促进儿童的智力发育；灵芝有安神解毒的功效等。

课程将借助大量活体实物(图2.5，图2.6)、标本、图片以及室外的考察，通过无菌操作与接种(图2.7)、菌丝的显微观察(图2.8)等过程，系统介绍高等真菌的形态特征、分类方法、生物学功能，阐述生物多样性的神奇，加深学生的印象，增强学生的兴趣；引导学生了解代表性食用菌与药用菌的形态、分类、营养性能、生物活性；知晓食药用菌菇在膳食、保健、生物医药上的应用及原理，拓宽视野。

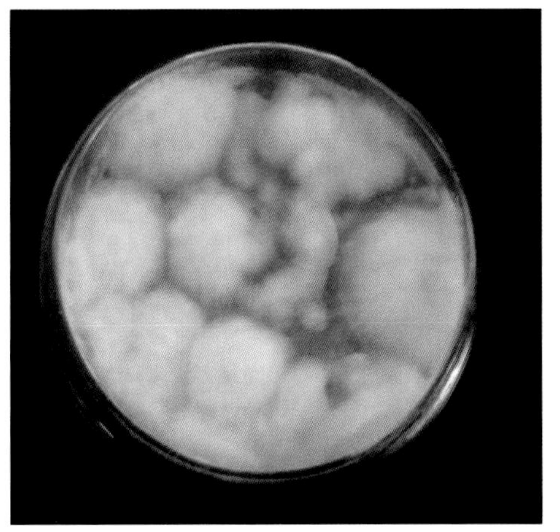

图2.5　平板菌种

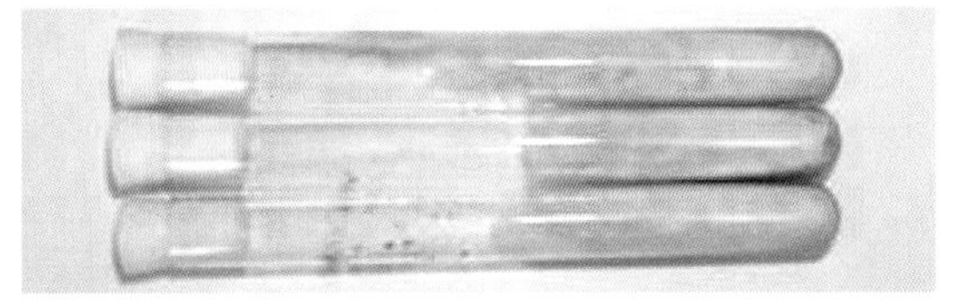

图2.6 斜面培养基上的菌丝体(上：灵芝；下：蛹虫草)

图2.7 无菌操作与接种

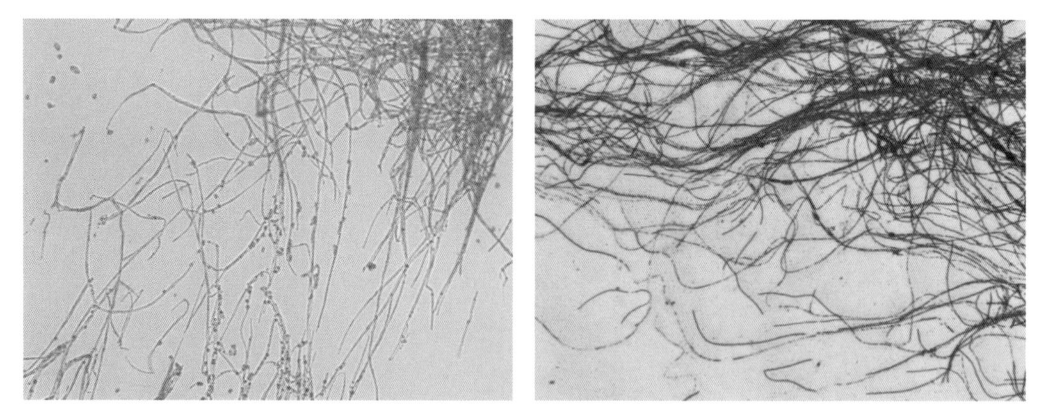

图2.8 菌丝显微观察照片（左：未染色菌丝；右：染色菌丝）

2. 毒蘑菇的区分

毒蘑菇是指人或畜禽食用其子实体后，产生中毒反应的物种。世界上有记述的毒蘑菇为1000余种，我国有435种，每年都有毒蘑菇中毒事件发生，其中致人死亡的种类有毒鹅膏菌、白毒鹅膏菌和毒粉褶菌等。

毒蘑菇的毒素主要包括鹅膏肽类（肝脏毒素）、毒蝇碱（神经毒素）、色胺类化合物、异恶唑衍生物（作用于中枢神经系统）、鹿花菌素（导致红细胞破坏，出现溶血反应）、鬼伞毒素等。鹅膏肽类毒素根据其氨基酸的组成结构可分为鹅膏毒肽（amatoxins，也称毒伞肽）、鬼笔毒肽（phallotoxins）和毒伞素（virotoxins）3类。鹅膏毒肽是一环状八肽，毒性极强，以损害肝细胞为主，半数致死量LD_{50}为0.4～0.8mg/kg（图2.9）。而鬼笔毒肽是一双环七肽，LD_{50}为2～3mg/kg（图2.10）。毒伞素则是一单环七肽，LD_{50}为2.5mg/kg。

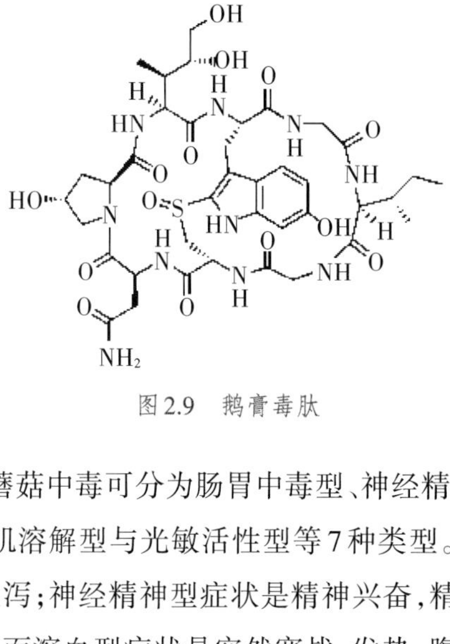

图2.9 鹅膏毒肽

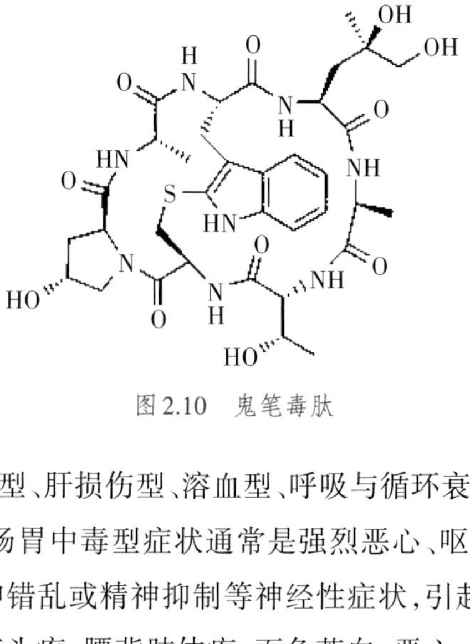

图2.10 鬼笔毒肽

蘑菇中毒可分为肠胃中毒型、神经精神型、肝损伤型、溶血型、呼吸与循环衰竭型、横纹肌溶解型与光敏活性型等7种类型。肠胃中毒型症状通常是强烈恶心、呕吐，腹痛、腹泻；神经精神型症状是精神兴奋，精神错乱或精神抑制等神经性症状，引起幻觉反应；而溶血型症状是突然寒战，发热，腹疼头疼，腰背肢体疼，面色苍白，恶心、呕吐，全身虚弱无力，烦躁不安和气促，在1～2d发生溶血性贫血。

所以，采食野生菌菇时应特别关注头上戴帽、腰间系裙(菌环)、脚上穿套鞋(菌托)的蘑菇，如鹅膏属蘑菇。应注意不要生食野生蘑菇，不要大量或过量食用野生蘑菇，不要食用不熟悉的野生蘑菇。过敏性体质的人要少食用野生蘑菇。

由于毒蘑菇的鬼笔环肽能有效地抑制三磷酸腺苷对纤维状肌动蛋白的水解作用，将该毒素与荧光染料，如异硫氰酸荧光素FITC(fluorescein isothiocyanate)和罗丹明(rhodamin)相连接，可作为生物学研究工具，用于检测细胞里的纤维状肌动蛋白分布，窥视细胞的分裂。此外，在医药方面，采取“以毒攻毒”，试图利用毒蘑菇毒素进行抗肿瘤、抗艾滋病等活性物质的研究。

3. 菌菇的栽培

通过直接参与多种有代表性品种的食药用菌接种、栽培操作，全过程全方位认识这些神奇山珍从单细胞孢子到大型子实体的成长过程，学习其营养与生长机理，体验孕育生命的快乐。在这过程中利用无菌室、种植试验棚、实验基地、栽培工厂等条件设备，进行菌种的转种、阴暗通风处菌丝的培养、袋料制作(培养料的翻堆、拌料、装袋、灭菌)(图2.11)、扩大培养、菌棒培养(图2.12)、活性成分提取等。

图2.11　袋料制作(左:拌料;右:装袋)

图2.12　菌棒发菌出菇

可利用蚕蛹进行蛹虫草的栽培与研发(图2.13),培植出完整的虫草子实体,并进行拍摄,获取栽培子实体作品。此外,也可利用玉米棒进行蛹虫草的培养(图2.14)。

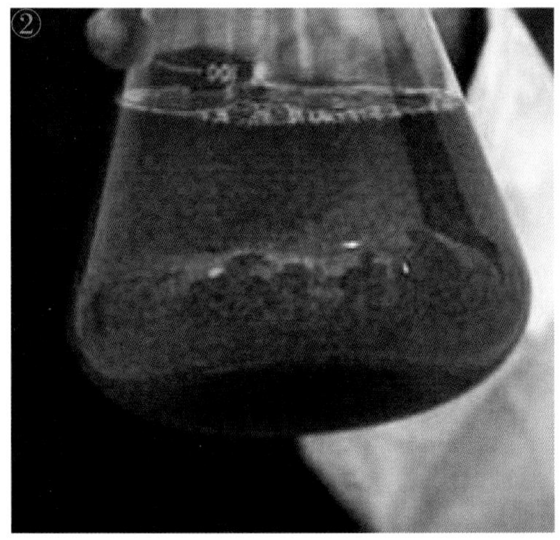

图2.13　接种于蛹体(①蚕蛹;②虫草培养液;③接种蛹;④～⑥长成虫草)

图2.14　玉米棒培养蛹虫草

4. 野外采集野生菌菇

利用前期所学知识，在校园草地、丛林、湿地、河边等不同生态环境中寻找菌菇个体及群落，采集菌菇（图2.15），进行形态与细胞显微观察、拍摄其野外照片，书面描述形态和生存环境特征。

图2.15　标本的采集

5. 标本制作等

制作灵芝标本等(图2.16),提取活性成分,提交摄影作品。

图2.16　灵芝标本制作

6. 实习基地考察

深入菌菇栽培基地进行实习考察，了解食药用菌产业在我国的发展历史、现状和前景，体验菌菇在二次资源利用、循环农业中“化腐朽为神奇”的作用(图2.17)。开发利用功能食品以及药用菌资源，提升其营养和保健作用，促进循环农业发展和生态环境的改善。

图2.17 基地考察(①猴头菇；②大球盖菇；③黑木耳；④灰树花)

7. 参观生物制药工厂

通过工程观摩与学习,系统认识食药用菌资源的开发进程,生物活性成分的保健和医药功能,人类对天然产物的开发利用(图2.18),促进生态建设与社会经济的发展。

图2.18　生物制药工厂

8. 百菇宴体验

了解菌菇与我们生活中膳食、养生、保健的关系(图2.19)。

图2.19　百菇宴(①红菇;②松茸;③香菇;④蛹虫草)

9. 了解菇民文化

我国利用食药用菌有悠久的历史，在浙西南和闽北一带形成了独特的菇民群落，产生了延续至今的、特有的，包括种植、祭祀、语言、戏曲、山歌、服饰、武术、饮食等的古老而神秘的菇民文化(图2.20)。

图2.20　菇民文化

通识课程所涉及的内容有菌丝的观察、培养基制作、活体组织分离、菌菇基地参观、虫草的接种、灵芝盆景的制作、香菇多糖的提取、百菇宴的品尝等。通过课程学习，可使非生物类的学生对菌菇的形态特征、分类方法以及生物学功能有大致的了解，培养学生的学科交叉思维与研究兴趣，初步区分可食用与有毒的菇类；形成对生物多样性、生态循环、生物类产品开发等问题的兴趣；对生物多样性、物种的生存竞争和自我保护、生态系统的动态平衡、物质的循环、生物活性成分的保健和医药功能、人类对天然产物开发利用等方面有系统的认识，探索生命的奥秘。

第三章　校园内大型真菌图谱

一、子囊菌

3.1　灰褐马鞍菌(马鞍菌科 Helvellaceae)
Helvella ephippium Lév.

3.2　拟皱柄白马鞍菌(马鞍菌科 Helvellacea
Helvella pseudoreflexa Zhao et al.(有毒)

3.3　羊肚菌(羊肚菌科 Morchellaceae)
Morchella esculenta(L.)Pers.

3.4　疣孢褐盘菌(盘菌科 Pezizaceae)
Peziza badia Pers.

3.5　林地盘菌(盘菌科 Pezizaceae)
Peziza sylvestris (Boud.) Sacc. & Traverso

3.6　蝉花虫草(线虫草科 Ophiocordycipitaceae)
Ophiocordyceps sobolifera (Hill ex Watson) Sung et al.

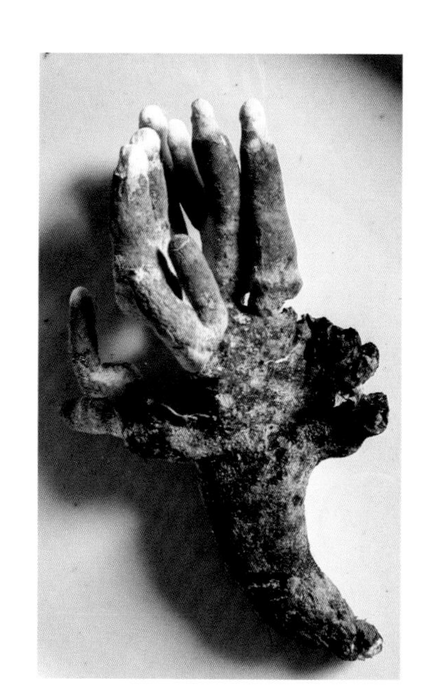

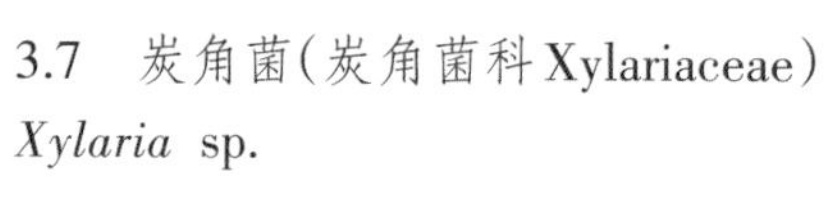

3.7　炭角菌(炭角菌科 Xylariaceae)
Xylaria sp.

3.8 鹿角炭角菌(炭角菌科 Xylariaceae)
Xylaria hypoxylon (L.) Grev.

长柄炭角菌(炭角菌科 Xylariaceae)
a longipes (Nits.) Denis

3.10　黑柄炭角菌(乌灵参)(炭角菌科 Xylariaceae)
Xylaria nigripes (Kl.) Cooke

二、担子菌

3.11　蘑菇(蘑菇科 Agaricaceae)
Agaricus spp.

3.12 双孢蘑菇(蘑菇科 Agaricaceae)
Agaricus bisporus (J.E. Lange) Imbach

3.13 巴氏蘑菇(蘑菇科 Agaricaceae)
Agaricus blazei Murrill

3.14　甜蘑菇(蘑菇科 Agaricaceae)
Agaricus dulcidulus Schulzer

3.15　灰鳞蘑菇(蘑菇科 Agaricaceae)
Agaricus moelleri Wasser

3.16　紫肉蘑菇(蘑菇科 Agaricaceae)
Agaricus porphyrizon P.D. Orton(有毒)

3.17　林地蘑菇(蘑菇科 Agaricaceae)
Agaricus sylvaticus Schaeff.

3.18　栗粒皮秃马勃(蘑菇科 Agaricaceae)
Calvatia boninensis S. Ito & S. Imsi

3.18 栗粒皮秃马勃(蘑菇科 Agaricaceae)
Calvatia boninensis S. Ito & S. Imsi

3.19 头状秃马勃(蘑菇科 Agaricaceae)
Calvatia craniiformis (Schwein.) Fr.

20　铅青褶菌(蘑菇科 Agaricaceae)
ilorophyllum molybdites (G. Mey.) Massee

3.21　环柄菇(蘑菇科 Agaricaceae)
Lepiota spp.

3.21　环柄菇(蘑菇科 Agaricaceae)
Lepiota spp.

3.22　锐鳞环柄菇(蘑菇科 Agaricace
Lepiota aspera (Pers.) Quél.

3.23　肉褐鳞(色)环柄菇(蘑菇科 Agaricaceae)
Lepiota brunneoincarnata(有毒,含毒肽和毒伞肽)

3.24　栗色环柄菇(蘑菇科 Agaricaceae)
Lepiota castanea Quél.

3.24 栗色环柄菇(蘑菇科 Agaricaceae)
Lepiota castanea Quél.

3.25 冠状环柄菇(蘑菇科 Agaricaceae)
Lepiota cristata (Bolton) Kumm.

3.26　冠状环柄菇大孢变种(蘑菇科 Agaricaceae)
Lepiota cristata var. *macrospora* (Zhu L. Yang) Liang & Yang (有毒)

美洲白环蘑
菇科 Agaricaceae)
oagaricus americanus
k) Vellinga

3.28 鳞白环柄菇(蘑菇科 Agaricaceae)
Leucoagaricus leucothites (Vittad.) Wasser

3.29　雪白白环菇(蘑菇科 Agaricaceae)
Leucoagaricus nivalis (W.F. Chiu) Z.W. Ge & Zhu L. Yang

3.30　纯黄白鬼伞(蘑菇科 Agaricaceae)
Leucocoprinus birnbaumii (Corda) Singer(有毒)

3.31 粒皮马勃(蘑菇科 Agaricaceae)
Lycoperdon asperum (Lév.) Speg

3.32 网纹马勃(蘑菇科 Agaricaceae)
Lycoperdon perlatum Pers.
生于腐木上,幼时可食。

3.33 白刺马勃(蘑菇科 Agaricaceae)
Lycoperdon wrightii Berk. & Curtis

3.34 裂皮大环柄菇(蘑菇科 Agaricaceae)
Macrolepiota excoriata (Schaeffer.) Wasser

3.35 乳突状大环柄菇(蘑菇科 Agaricaceae)
Macrolepiota mastoidea (Fr.) Singer

3.36 粗鳞大环柄菇(蘑菇科 Agaricaceae)
Macrolepiota rhacodes (Vittad.) Singer

3.37 黄褶大环柄菇(蘑菇科 Agaricaceae)
Macrolepiota subcitrophylla Z.W. Ge (有毒)

3.38 乌白鳞鹅膏
（鹅膏菌科 Amanitaceae）
Amanita castanopsidis Hongo

3.39　异味鹅膏(鹅膏菌科 Amanitaceae)
Amanita kotohiraensis（有毒）

3.40　假褐云斑鹅膏菌(鹅膏菌科 Amanitaceae)
Amanita pseudoporphyria Hongo(有毒)

3.41 泰国鹅膏(鹅膏菌科 Amanitaceae)
Amanita siamensis Sanmee et al.(有毒)

3.42　白黄鹅膏(鹅膏菌科 Amanitaceae)
Amanita subjunquillea var. *alba* Zhu L. Yang (有毒)

3.43　锥鳞白鹅膏(鹅膏菌科 Amanitaceae)
Amanita virgineoides Bas(有毒) (左,幼时;右,成熟)

3.44　阿帕锥盖伞(粪锈伞科 Bolbitiaceae)
Conocybe apala (Fr.) Arnolds(有毒)

3.44　阿帕锥盖伞(粪锈伞科 Bolbitiaceae)
Conocybe apala (Fr.) Arnolds(有毒)

3.45 大孢锥盖伞(粪锈伞科 Bolbitiaceae)
Conocybe macrospora (G.F. Atk.) Hauskn.(有毒)

3.46 脆珊瑚菌(珊瑚菌科 Clavariaceae)
Clavaria fragilis Holmsk.

3.47　丝膜菌(丝膜菌科 Cortinariaceae)
Cortinarius spp.

3.48　鳞盖丝膜菌(丝膜菌科 Cortinariaceae)
Cortinarius pholideoides Bidaud & Reumaux

3.49 方孢粉褶菌(粉褶菌科 Entolomataceae)
Entoloma quadratum (Berk. & Curtis) Horak(有毒)

3.50 直柄粉褶菌(粉褶菌科 Entolomataceae)
Entoloma strictius (Peck) Sacc.(谨慎采食)

3.51　尖顶粉褶菌(粉褶菌科 Entolomataceae)
Entoloma stylophorum (Berk. & Broome) Sacc. (有毒)

3.52 软叶孔菌(灵芝菌科 Ganodermataceae)
Phylloporia weberiana (Bres. & Henn. ex Sacc.) Ryvarden

3.53　橙黄湿伞(腊伞科 Hygrophoraceae)
Hygrocybe aurantia Murrill

3.54　舟湿伞(腊伞科 Hygrophoraceae)
Hygrocybe cantharellus (Fr.) Murrill

3.55　凸顶橙红湿伞(腊伞科 Hygrophoraceae)
Hygrocybe cuspidata (Peck) Murrill

3.56 变黑湿伞(腊伞科 Hygrophoraceae)
Hygrocybe nigrescens (Quel.) Kuhner

3.57 长沟盔孢伞(层腹菌科 Hymenogastraceae)
Galerina sulciceps (Berk.) Boedijn (有毒)

3.58 变色龙裸伞(层腹菌科 Hymenogastraceae)
Gymnopilus dilepis (Berk. & Broome) Singer (有毒)(上图:幼期;下图:成熟)

3.59　红鳞花边伞(层腹菌科 Hymenogastraceae)
Hypholoma cinnabarinum Teng（有毒）

3.60　簇生垂幕菇(层腹菌科 Hymenogastraceae)
Hypholoma fasciculare (Huds.) P. Kumm.(有毒)

3.61　大球盖菇(层腹菌科 Hymenogastraceae)
Stropharia rugosoannulata Farl. ex Murrill

3.62　黏锈耳(丝盖伞科 Inocybaceae)
Crepidotus mollis (Schaeff.) Staude

3.63　硫黄靴耳(丝盖伞科 Inocybaceae)
Crepidotus sulphurinus Imazeki & Toki

3.64　赭色丝盖伞(丝盖伞科 Inocybac
Inocybe assimilata Britzelm(有毒)

3.65　浅黄丝盖伞(丝盖伞科 Inocybaceae)
Inocybe fastigiata f. *subcandida* Malencon (有毒)

3.66　绒盖菇(丝盖伞科 Inocybaceae)
Simocybe centunculus (Fr.) P. Karst.

3.67 香杏丽蘑(离褶伞科 Lyophyllaceae)
Calocybe gambosa (Fr.) Donk

3.68 金黄蚁巢伞(离褶伞科 Lyophyllaceae)
Termitomyces aurantiacus (R. Heim) R. Heim

3.69　真根蚁巢伞(离褶伞科 Lyophyllaceae)
Termitomyces eurrhizus (Berk.) Heim

黄白雅典娜小菇(小皮伞科 Marasmiaceae)
a flavoalba (Fr.) Redhead et al.

3.71　木生老伞(小皮伞科 Marasmiaceae)
Gerronema nemorale Har. Takah.

3.72　小皮伞(小皮伞科 Marasmiaceae)
Marasmius sp.

3.73　硬柄小皮伞(小皮伞科 Marasmiaceae)
Marasmius oreades (Bolton) Fr.

3.74　紫红小皮伞(小皮伞科 Marasmiaceae)
Marasmius pulcherripes Peck

3.74　紫红小皮伞(小皮伞科 Marasmiaceae)　周晴峰 摄
Marasmius pulcherripes Peck

3.75 纤弱小菇(小菇科 Mycenaceae)
Mycena alphitophora (Berk.) Sacc.

3.76 角凸小菇(小菇科 Mycenaceae)
Mycena corynephora Maas Geest.

3.77　堆裸脚伞(光茸菌科 Omphalotaceae)
Connopus acervatus (Fr.) Hughes et al.

3.78　绒柄裸脚伞
(光茸菌科 Omphalotaceae)
Gymnopus confluens (Pers.) Antonin et al.

3.79 堇紫金钱菌(光茸菌科 Omphalotaceae)
Gymnopus iocephalus (Berk. & M.A. Curtis) Halling

3.80　皮微皮伞(光茸菌科 Omphalotaceae)
Marasmiellus corticum Singer

3.81　狭褶微皮伞(光茸菌科 Omphalotaceae)
Marasmiellus stenophyllus (Mont.) Singer

3.82　蜜环菌(泡头菌科 Physalacriaceae)
Armillaria mellea (Vahl) Kumm.

3.83　冬菇(泡头菌科 Physalacriaceae)
Flammulina velutipes (Curtis) Singer

3.84　勺形亚侧耳(地生亚侧耳)(侧耳科 Pleurotaceae)
Hohenbuehelia petaloides（Bull.）Schulzer（有毒）

3.85　肾形亚侧耳(侧耳科 Pleurotaceae)
Hohenbuehelia reniformis（G. Mey.）Singer

3.86　白侧耳(侧耳科 Pleurotaceae)
Pleurotus albellus (Pat.) Pegler

3.87　桃红侧耳(侧耳科 Pleurotaceae)
Pleurotus djamor (Rumph. ex Fr.) Boedijn

3.88　黄毛侧耳(口蘑科 Tricholomataceae)
Pleurotus nidulans (Pers.) Kumm.

3.89　糙皮侧耳(侧耳科 Pleurotaceae)
Pleurotus ostreatus（Jacq.）Kumm.

3.90 肺形侧耳(侧耳科 Pleurotaceae)
Pleurotus pulmonarius (Fr.) Quél.

3.91 灰光柄菇(光柄菇科 Pluteaceae)
Pluteus cervinus (Schaeff.) Kumm.

3.92 狮黄光柄菇(光柄菇科 Pluteaceae)
Pluteus leoninus (Schaeff.) Kumm.

3.93　帽状光柄菇(光柄菇科 Pluteaceae)
Pluteus petasatus (Fr.) Gillet

3.94　黏盖包脚菇
(光柄菇科 Pluteaceae)
Volvopluteus gloiocephalus
(DC.) Vizzini et al.

3.95 白小鬼伞(小脆柄菇科 Psathyrellaceae)
Coprinellus disseminatus (Pers.) Lange

3.96　晶粒小鬼伞(小脆柄菇科 Psathyrellaceae)
Coprinellus micaceus (Bull.) Vilgalys et al.(有毒)

3.97　墨汁拟鬼伞(小脆柄菇科 Psathyrellaceae)
Coprinopsis atramentaria (Bull.) Redhead et al. (有毒)

3.98　白绒鬼伞(小脆柄菇科 Psathyrellaceae)
Coprinopsis lagopus (Fr.) Redhead et al.

3.99　墨汁鬼伞(小脆柄菇科 Psathyrellaceae)
Coprinus atramentarius (Bull.) Fr. (有毒)

3.100　毛头鬼伞(小脆柄菇科 Psathyre
Coprinus comatus(O.F. Müll.) Pers.(有

3.101　小假鬼伞（小脆柄菇科 Psathyrellaceae）
Coprinus disseminatus（Pers.）Gray

3.102　毡毛小脆柄菇（小脆柄菇科 Psathyrellaceae）
Lacrymaria lacrymabunda（Bull.）Pat.

3.103　环带斑褶菌(小脆柄菇科 Psathyrellaceae)
Panaeolus cinctulus (Bolten)Sacc.(有毒)

3.104　射纹近地伞(小脆柄菇科 Psathyrellaceae)
Parasola leiocephala (P.D. Orton) Redhead et al.

3.105　薄肉近地伞(小脆柄菇科 Psathyrellaceae)
Parasola plicatilis (Curtis) Redhead et al.

3.106　丛毛小脆柄菇(小脆柄菇科 Psathyrellaceae)
Psathyrella kauffmanii A.H. Sm.

3.107　乳褐小脆柄菇(小脆柄菇科 Psathyrellaceae)
Psathyrella lactobrunnescens Smith

3.108　亚美尼亚小脆柄菇(小脆柄菇科 Psathyrellaceae)
Psathyrella rugocephala (Atk.) Smith

3.109 裂褶菌(裂褶菌科 Schizophyllaceae)
Schizophyllum commune Fr.

3.110　平田头菇(球盖菇科 Strophariaceae)
Agrocybe pediades (Fr.) Fayod

3.111　田头菇(球盖菇科 Strophariaceae)
Agrocybe praecox (Pers.) Fayod

腿鳞伞(球盖菇科Strophariaceae)
nutabilis (Schaeff.) Kumm.

3.113　暗红褐色孢菌(口蘑科Tricholomataceae)
Callistosporium luteo-olivaceum (Berk. & M.A. Curtis) Singer

3.114　雅薄伞(口蘑科Tricholomataceae)
Delicatula integrella (Pers.) Fayod

3.115 花脸香蘑(口蘑科 Tricholomataceae)
Lepista sordida (Schumach.) Singer

3.116　小白脐菇(口蘑科 Tricholomataceae)
Omphalia gracillima (Weinm.) Quel.

3.117 白漏斗辛格杯伞(口蘑科 Tricholomataceae)
Singerocybe alboinfundibuliformis(有毒)

3.118　朱红拟口蘑(口蘑科 Tricholomataceae)
Tricholomopsis rutilans (Schaeff.) Singer

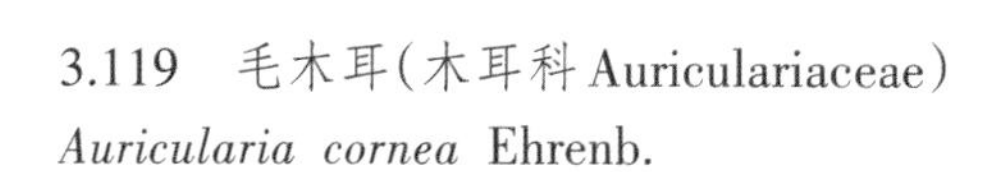

3.119　毛木耳(木耳科 Auriculariaceae)
Auricularia cornea Ehrenb.

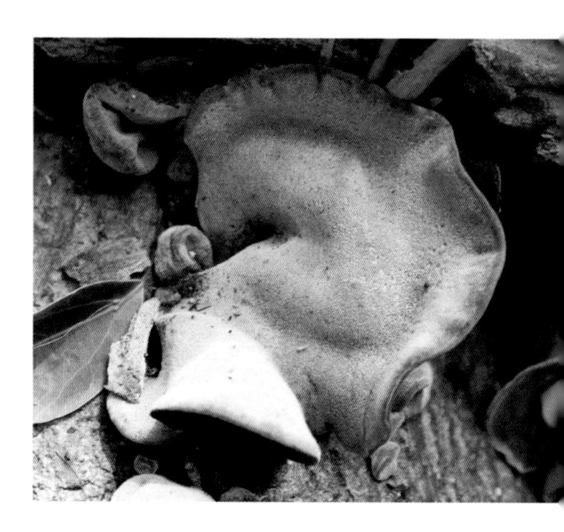

3.120　皱木耳(木耳科 Auriculariaceae)
Auricularia delicata (Fr.) P. Henn

3.120 皱木耳(木耳科 Auriculariaceae)
Auricularia delicata (Fr.) P. Henn

3.121 短毛木耳(木耳科 Auriculariaceae)
Auricularia villosula Malyshera

3.122　葡萄状黑耳(木耳科 Auriculariaceae)
Exidia uvapassa Lloyd

3.123　细绒牛肝菌(牛肝菌科 Boletaceae)
Boletus subtomentosus L.

3.124　半裸松塔牛肝菌(牛肝菌科 Boletaceae)
Strobilomyces seminudus Hongo

3.125　新苦粉孢牛肝菌（牛肝菌科 Boletaceae）
Tylopilus neofelleus Hongo

3.126　珊瑚状锁瑚菌（锁瑚菌科 Clavulinaceae）
Clavulina coralloides（L.）Schrot

3.127　香褐腐干酪菌(拟层孔菌科 Fomitopsidaceae)
Postia stiptica (Pers.) Jülich

3.128　毛嘴地星(地星科 Geastraceae)
Geastrum fimbriatum Fr.

3.129　粉背地星(地星科 Geastraceae)
Geastrum rufescens Pers.

3.130　袋状地星(地星科 Geastraceae)
Geastrum saccatum Fr.

3.131 鲑贝革盖菌(皱孔菌科 Meruliaceae)
Coriolus consors (Berk.) Imaz.

3.132　豆包马勃(硬皮马勃科 Sclerodermataceae)
Pisolithus tinctorius (Pers.) Coker & Couch

3.133　酸味黏盖牛肝菌(黏盖牛肝菌科 Suillaceae)
Suillus acidus (Peck) Sing.

3.134 空柄乳牛肝菌(黏盖牛肝菌科 Suillaceae)
Suillus cavipes (Opat.) A.H. Sm. & Thiers

3.135 黄乳牛肝菌(黏盖牛肝菌科 Suillaceae)
Suillus flavus (With. ex Fr.) Sing.

3.136　腺柄黏盖牛肝菌(黏盖牛肝菌科 Suillaceae)
Suillus glandulosipes Sm. et Th.

3.137　点柄乳牛肝菌(黏盖牛肝菌科 Suillaceae)
Suillus granulatus (L.) Roussel

3.138 褐黏褶菌(褐褶菌科 Gloeophyllaceae)
Gloeophyllum sepiarium (Wulfen) Karst

3.139 肉桂集毛孔菌(刺革菌科 Hymenochaetaceae)
Coltricia cinnamomea (Jacq.) Murrill

3.140　佛罗里达锈革菌(刺革菌科 Hymenochaetaceae)
Hymenochaete floridea Berk. & Broome

3.141 纤孔菌(刺革菌科 Hymenochaetaceae)
Inonotus sp.

3.142　腓骨藓菇(重担菌科 Repetobasidiaceae)
Rickenella fibula（Bull.）Raithelh

3.143　鲑贝丝齿菌(裂孔菌科 Schizoporaceae)
Fibrodontia brevidens (Pat.) Hjortstam & Ryvarden

3.144 黄裙竹荪(鬼笔科 Phallaceae)
Dictyophora multicolor Berk. & Broome (有毒)

3.145 五棱散尾菌(鬼笔科 Phallaceae)
Lysurus mokusin（L.）Fr.（微毒）

3.146 红鬼笔(鬼笔科 Phallaceae)
Phallus rubicundus (Bosc.) Rr. (微毒)

3.147　蓝伏革菌(原毛平革菌科 Phanerochaetaceae)
Pulcherricium caeruleum (Lam.) Parmasto

3.148 原始薄孔菌(拟层孔菌科 Fomitopsidaceae)
Antrodia primaeva Renvall & Niemela

3.149 光亮小红孔菌(拟层孔菌科 Fomitopsidaceae)
Pycnoporellus fulgens (Fr.) Donk

3.150 厦门假芝(灵芝科 Ganodermataceae)
Amauroderma amoiense Zhao et Xu

3.151 粗柄假芝(灵芝科Ganodermataceae)
Amauroderma elmerianum Murrill

3.152 假芝(灵芝科Ganodermataceae)
Amauroderma hongkongense L. Fan & B. Liu

3.153 黑漆乌芝(灵芝科Ganodermataceae)
Amauroderma nigrum Rick(黑肉乌芝)

3.154　树舌灵芝(灵芝科 Ganodermataceae)
Ganoderma applanatum (Pers.) Pat.

3.155　南方灵芝
(灵芝科 Ganodermataceae)
Ganoderma australe (Fr.) Pat.

3.156 赤芝(灵芝科 Ganodermataceae)
Ganoderma lingzhi Sheng H. et al.(左:野生;右:栽培)

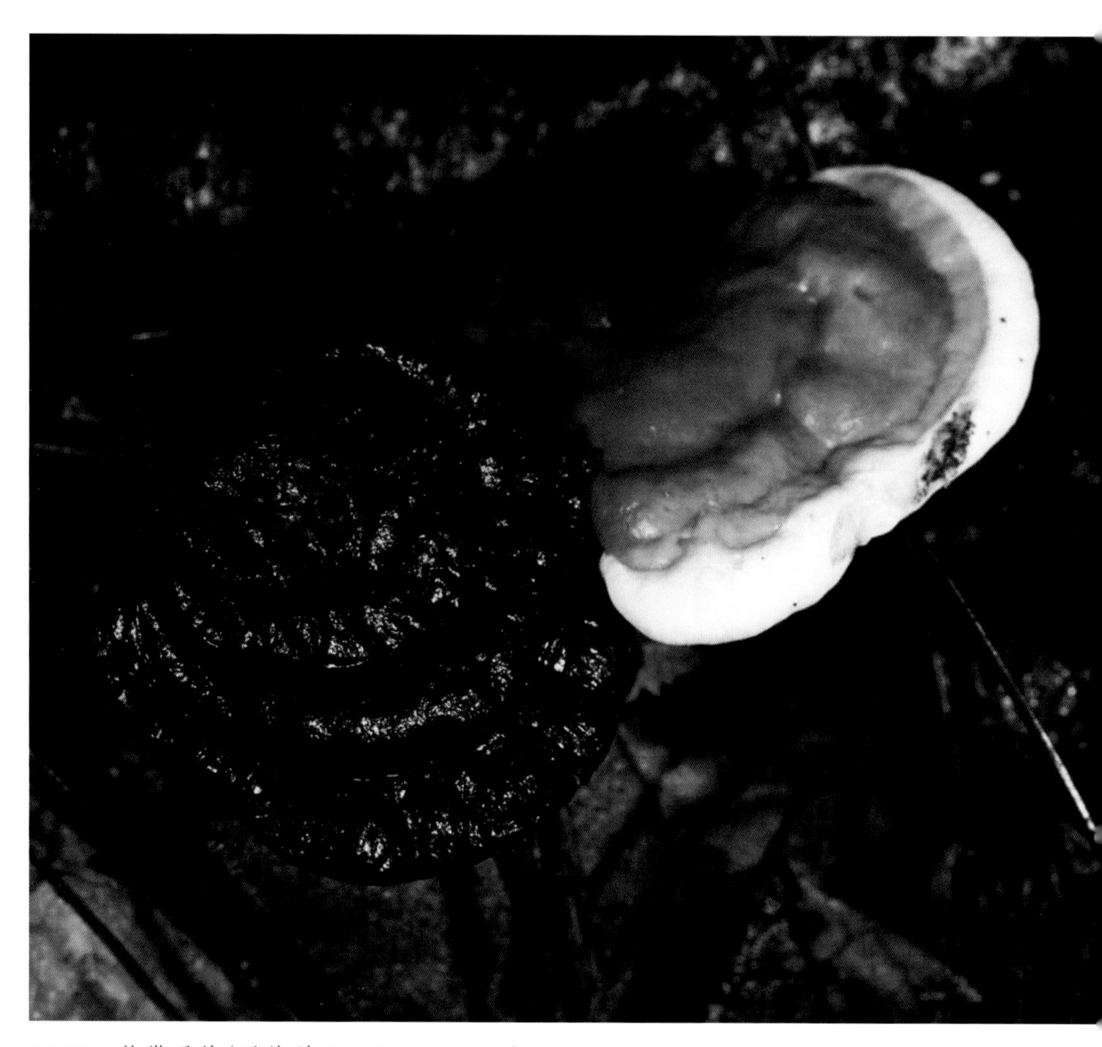

3.157 热带灵芝(灵芝科 Ganodermataceae)
Ganoderma tropicum (Jungh.) Bres.

3.158 小孔硬孔菌(薄孔菌科 Meripilaceae)
Rigidoporus microporus (Sw.) Overeem

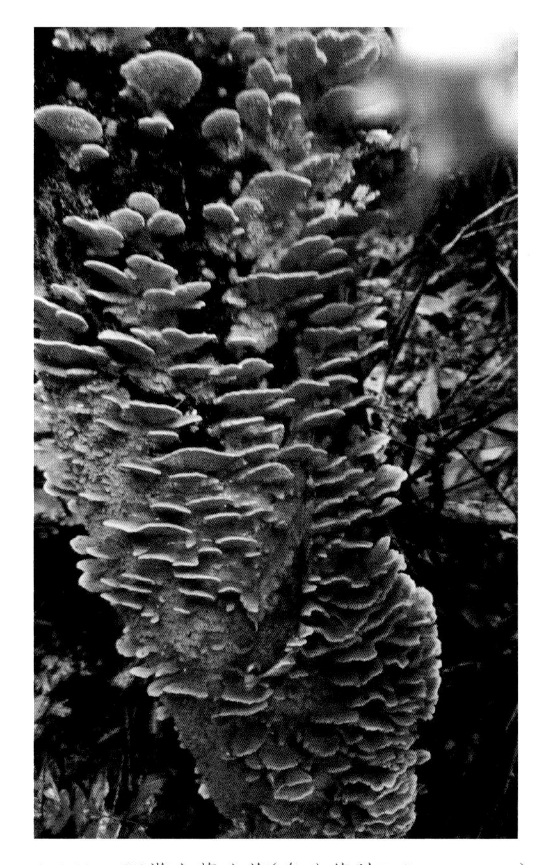

3.159 环带小薄孔菌(多孔菌科 Polyporaceae)
Antrodiella zonata (Berk.) Ryvarden(可药用)

3.160 单色云芝(多孔菌科 Polyporaceae)
Coriolus unicolor (Bull. ex Fr.) Pat.

3.161　中国隐孔菌(多孔菌科 Polyporaceae)
Cryptoporus sinensis Sheng H. Wu & M. Zang

3.162　虎皮香菇(多孔菌科 Polyporaceae)
Lentinus tigrinus（Bull.）Fr.

3.163　桦褶孔菌(多孔菌科 Polyporaceae)
Lenzites betulina（L.）Fr.(桦革褶菌)

3.164　灰齿脉菌
(多孔菌科 Polyporaceae)
Lopharia cinerascens
（Schwein.）G. Cunn

3.165 漏斗多孔菌(多孔菌科 Polyporaceae)
Polyporus arcularius (Batsch) Fr.

3.166 朱红栓菌(多孔菌科 Polyporaceae)
Pycnoporus cinnabarinus
(Jacq.) P. Karst.

3.167 血红密孔菌(多孔菌科 Polyporacea
Pycnoporus sanguineus (L.) Murrill

3.167 血红密孔菌(多孔菌科 Polyporaceae)
Pycnoporus sanguineus (L.) Murrill

3.168　球果栓菌(与木耳)(多孔菌科 Polyporaceae)
Trametes coccinea (Fr.) Hai J. Li & S.H. He

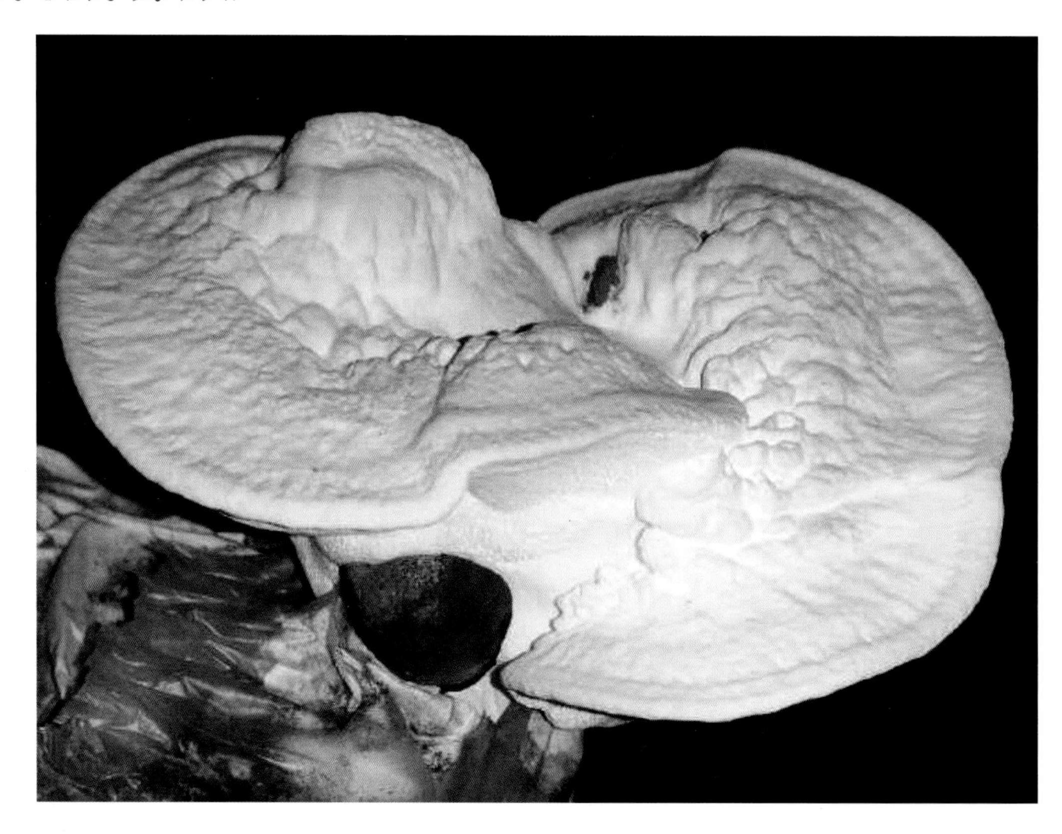

3.169　雅致栓孔菌(多孔菌科 Polyporaceae)
Trametes elegans (Spreng.) Fr.

3.170　杂色栓菌(多孔菌科 Polyporaceae)
Trametes versicolor (L.) Lloyd(云芝)

3.171 肉红干酪菌(多孔菌科 Polyporaceae)
Tyromyces incarnatus Imaz.

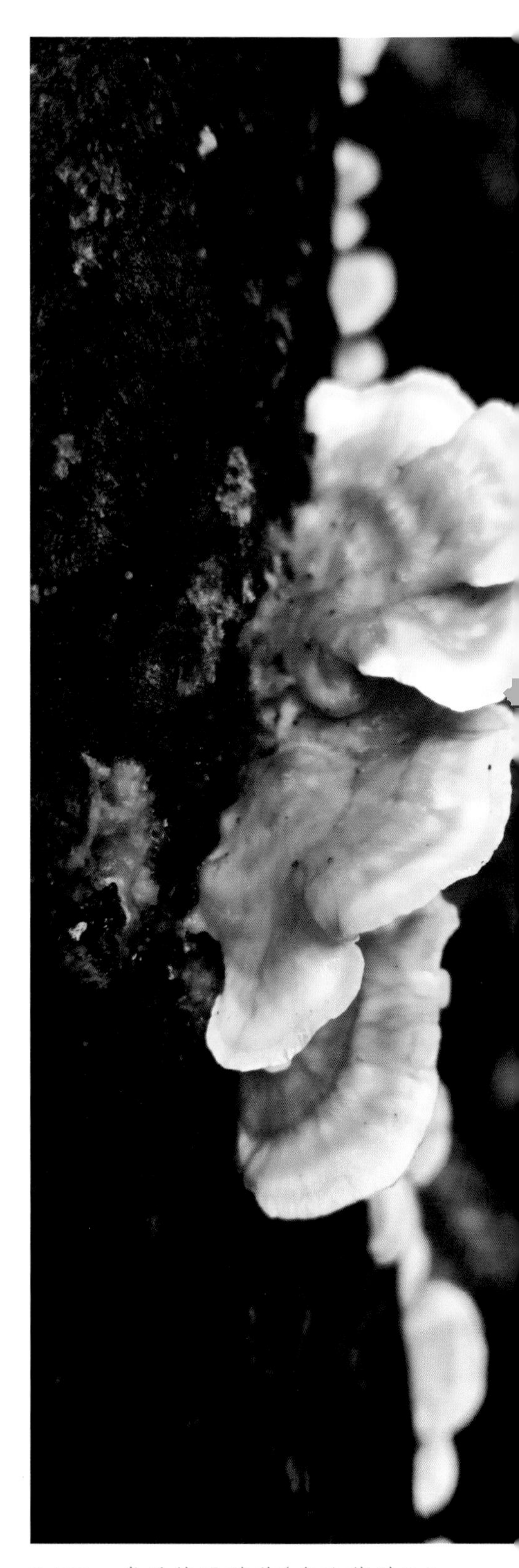

3.172 类舌状干酪菌(多孔菌科 Polyporace
Tyromyces raduloides (Henn.) Ryv.

3.173　贝壳状小香菇(耳匙菌科 Auriscalpiaceae)
Lentinellus cochleatus（Pers.）Karst

3.174　猴头菌(猴头菌科 Hericiaceae)
Hericium erinaceus（Bull.）Pers.

3.175 栗褐乳菇(红菇科 Russulaceae)
Lactarius castaneus W.F. Chiu

3.176 红汁乳菇(红菇科 Russulaceae)
Lactarius hatsudake Nobuj. Tanaka

3.177 苍白乳菇(红菇科 Russulaceae)
Lactarius pallidus Pers.

3.178　亚绒白乳菇(红菇科 Russulaceae)
Lactarius subvellerreus Peck（微毒）

3.179　红菇(红菇科 Russulaceae)
Russula spp.

3.180　冷杉红菇(红菇科 Russulaceae)
Russula abietina Peck

3.181　近白红菇(红菇科 Russulaceae)
Russula albidula Peck

3.182 花盖红菇(红菇科 Russulaceae)
Russula cyanoxantha (Schaeff.) Fr.

3.183 小毒红菇(红菇科 Russulaceae)
Russula fragilis Fr.(有毒)

3.184 玫瑰红菇(红菇科 Russulaceae)
Russula rosacea (Pers.) Gray

3.185　变黑红菇(红菇科 Russulaceae)
Russula rubescens Beardslee

3.186 韧革菌属(韧革菌科Stereaceae)
Stereum sp.

3.187 粗毛韧革菌(韧革菌科 Stereaceae)
Stereum hirsutum (Willid.) Pers.

3.188　金丝韧革菌(韧革菌科 Stereaceae)
Stereum spectabile Klotzsch

3.189　金丝趋木革菌(韧革菌科 Stereaceae)
Xylobolus spectabilis (Klotzsch) Boidin

3.190 桂花耳(花耳科 Dacrymycetaceae)
Guepinia spathularia (Schw.) Fr.

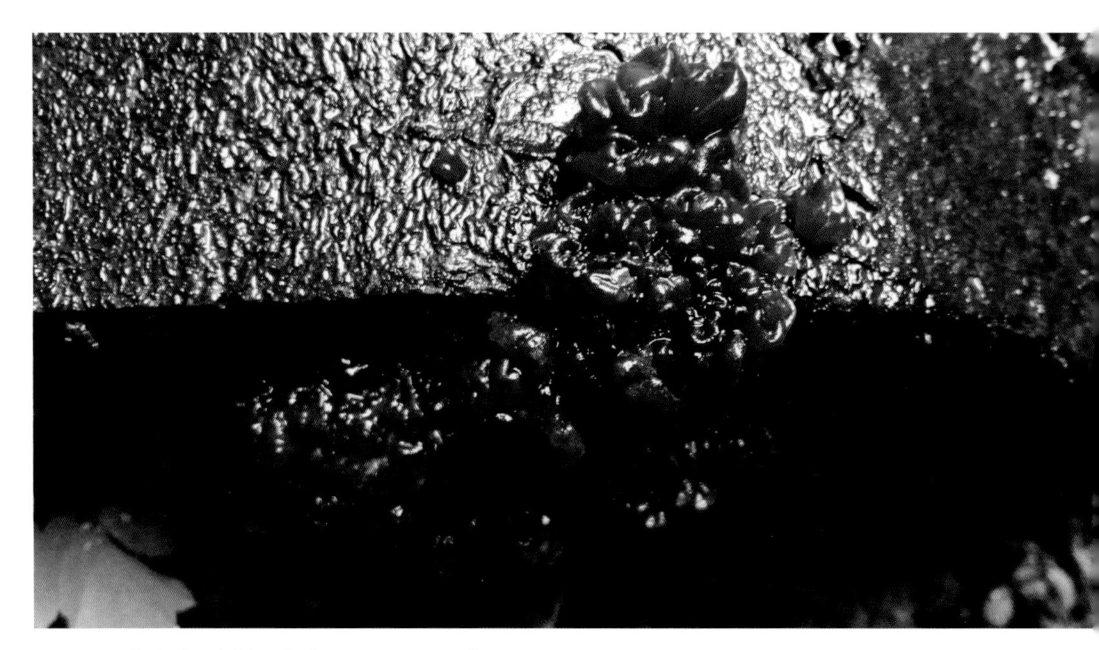

3.191　茶色银耳(银耳科 Tremellaceae)
Tremella foliacea Pers.

3.192　银耳(银耳科 Tremellaceae)
Tremella fuciformis Berk

校园蘑菇采集

手绘蘑菇

红柄小皮伞

第四章 采用的图谱分类系统

对浙江大学校园的大型真菌多样性进行调查研究，并对其子实体进行拍摄与采集。按照Anisworth & Bisby's《菌物字典》第10版分类系统，参考真菌索引(index fungorum)网站(http://www.indexfungorum.org/Names/Names.asp)对校园中拍摄的大型真菌进行归类排列，隶属于2门5纲15目50科102属184种，其中担子菌门为3纲12目45科97属175种。

- 子囊菌门
  - 盘菌纲 - 盘菌目
    - 马鞍菌科
    - 羊肚菌科
    - 盘菌科
  - 粪壳菌纲
    - 肉座菌目:线虫草科
    - 炭角菌目:炭角菌科
- 担子菌门
  - 蘑菇纲
    - 蘑菇目
      - 蘑菇科、鹅膏菌科、粪锈伞科、珊瑚菌科、丝膜菌科、粉褶菌科、灵芝菌科、腊伞科、层腹菌科、丝盖伞科、离褶伞科、小皮伞科、小菇科、光茸菌科、泡头菌科、侧耳科、光柄菇科、小脆柄菇科、裂褶菌科、球盖菇科、口蘑科
    - 木耳菌目:木耳科
    - 牛肝菌目:牛肝菌科
    - 鸡油菌目:锁瑚菌科、拟层孔菌科
    - 地星目:地星科、皱孔菌科、硬皮马勃科、黏盖牛肝菌科
    - 褐褶菌目:褐褶菌科
    - 刺革菌目:刺革菌科、重担菌科、裂孔菌科
    - 鬼笔目:鬼笔科、原毛平革菌科
    - 多孔菌目:拟层孔菌科、灵芝科、薄孔菌科、多孔菌科
    - 红菇目:耳匙菌科、猴头菌科、红菇科、韧革菌科
  - 花耳纲—花耳目:花耳科
  - 银耳纲—银耳目:银耳科

一、子囊菌门(Ascomycota)

盘菌纲 Pezizomycetes

盘菌目 Pezizales

马鞍菌科 Helvellaceae

马鞍菌属 *Helvella*

1 灰褐马鞍菌 *Helvella ephippium* Lév.

2 拟皱柄白马鞍菌 *Helvella pseudoreflexa* Zhao et al.

羊肚菌科 Morchellaceae

羊肚菌属 *Morchella*

3 羊肚菌 *Morchella esculenta*（L.）Pers.

盘菌科 Pezizaceae

盘菌属 *Peziza*

4 疣孢褐盘菌 *Peziza badia* Pers.

5 林地盘菌 *Peziza sylvestris*（Boud.）Sacc. & Traverso

粪壳菌纲 Sordariomycetes

肉座菌目 Hypocreales

线虫草科 Ophiocordycipitaceae

线虫草属 *Ophiocordyceps*

6 蝉花虫草 *Ophiocordyceps sobolifera* (Hill ex Watson) Sung et al.

炭角菌目 Xylariales

炭角菌科 Xylariaceae

炭角菌属 *Xylaria*

7 炭角菌 *Xylaria* sp.

8 鹿角炭角菌 *Xylaria hypoxylon*（L.）Grev.

9 长柄炭角菌 *Xylaria longipes*（Nits.）Denis

10 黑柄炭角菌(乌灵参) *Xylaria nigripes*（Kl.）Cooke

二、担子菌门(Basidiomycota)

蘑菇纲 Agaricomycetes

蘑菇目 Agaricales

蘑菇科 Agaricaceae

蘑菇属 *Agaricus*

11蘑菇*Agaricus* spp.

12双孢蘑菇*Agaricus bisporus*（J.E. Lange）Imbach

13巴氏蘑菇*Agaricus blazei* Murrill

14甜蘑菇*Agaricus dulcidulus* Schulzer

15灰鳞蘑菇*Agaricus moelleri* Wasser

16紫肉蘑菇*Agaricus porphyrizon* P.D. Orton

17林地蘑菇*Agaricus sylvaticus* Schaeff.

马勃属*Calvatia*

18粟粒皮秃马勃*Calvatia boninensis* S. Ito & S. Imsi

19头状秃马勃*Calvatia craniiformis*（Schwein.）Fr.

青褶伞属*Chlorophyllum*

20铅青褶菌*Chlorophyllum molybdites*（G. Mey.）Massee

环柄菇属*Lepiota*

21环柄菇*Lepiota* spp.

22锐鳞环柄菇*Lepiota aspera*（Pers.）Quél.

23肉褐鳞(色)环柄菇*Lepiota brunneoincarnata*

24栗色环柄菇*Lepiota castanea* Quél.

25冠状环柄菇*Lepiota cristata*（Bolton）Kumm.

26冠状环柄菇大孢变种*Lepiota cristata* var. *macrospora*（Zhu L. Yang）Liang & Yang

白环蘑菇属*Leucoagaricus*

27美洲白环蘑*Leucoagaricus americanus*（Peck）Vellinga

28鳞白环柄菇*Leucoagaricus leucothites*（Vittad.）Wasser

29雪白白环菇*Leucoagaricus nivalis*（W.F. Chiu）Z.W. Ge & Zhu L. Yang

白鬼伞属*Leucocoprinus*

30纯黄白鬼伞*Leucocoprinus birnbaumii*（Corda）Singer

马勃属*Lycoperdon*

31粒皮马勃*Lycoperdon asperum*（Lév.）Speg

32网纹马勃*Lycoperdon perlatum* Pers.

33白刺马勃*Lycoperdon wrightii* Berk. & Curtis

大环柄菇属*Macrolepiota*

34裂皮大环柄菇（蘑菇科 Agaricaceae）*Macrolepiota excoriate*

(Schaeffer.) Wasser

35乳突状大环柄菇*Macrolepiota mastoidea* (Fr.) Singer

36粗鳞大环柄菇*Macrolepiota rhacodes* (Vittad.) Singer

37黄褶大环柄菇*Macrolepiota subcitrophylla* Z.W. Ge

鹅膏菌科 Amanitaceae

鹅膏菌属*Amanita*

38乌白鳞鹅膏*Amanita castanopsidis* Hongo

39异味鹅膏*Amanita kotohiraensis*

40假褐云斑鹅膏菌*Amanita pseudoporphyria* Hongo

41泰国鹅膏*Amanita siamensis* Sanmee et al.

42白黄鹅膏*Amanita subjunquillea* var. *alba* Zhu L. Yang

43锥鳞白鹅膏*Amanita virgineoides* Bas

粪锈伞科 Bolbitiaceae

锥盖伞属*Conocybe*

44阿帕锥盖伞*Conocybe apala* (Fr.) Arnolds

45大孢锥盖伞*Conocybe macrospora* (G.F. Atk.) Hauskn.

珊瑚菌科 Clavariaceae

珊瑚菌属*Clavaria*

46脆珊瑚菌*Clavaria fragilis* Holmsk.

丝膜菌科 Cortinariaceae

丝膜菌属*Cortinarius*

47丝膜菌*Cortinarius* spp.

48鳞盖丝膜菌*Cortinarius pholideoides* Bidaud & Reumaux

粉褶菌科 Entolomataceae

粉褶菌属*Entoloma*

49方孢粉褶菌*Entoloma quadratum* (Berk. & Curtis) Horak

50直柄粉褶菌*Entoloma strictius* (Peck) Sacc.

51尖顶粉褶菌*Entoloma stylophorum* (Berk. & Broome) Sacc.

灵芝菌科 Ganodermataceae

叶孔菌属*Phylloporia*

52软叶孔菌*Phylloporia weberiana* (Bres. & Henn. ex Sacc.) Ryvarden

腊伞科 Hygrophoraceae

湿伞属 *Hygrocybe*

53 橙黄湿伞 *Hygrocybe aurantia* Murrill

54 舟湿伞 *Hygrocybe cantharellus*（Fr.）Murrill

55 凸顶橙红湿伞 *Hygrocybe cuspidata*（Peck）Murrill

56 变黑湿伞 *Hygrocybe nigrescens*（Quel.）Kuhner

层腹菌科 Hymenogastraceae

盔孢伞属 *Galerina*

57 长沟盔孢伞 *Galerina sulciceps*（Berk.）Boedijn

裸伞属 *Gymnopilus*

58 变色龙裸伞 *Gymnopilus dilepis*（Berk. & Broome）Singer

垂幕菇属 *Hypholoma*（黏滑菇属）

59 红鳞花边伞 *Hypholoma cinnabarinum* Teng

60 簇生垂幕菇 *Hypholoma fasciculare*（Huds.）P. Kumm.

球盖菇属 *Stropharia*

61 大球盖菇 *Stropharia rugosoannulata* Farl. ex Murrill（皱环球盖菇）

丝盖伞科 Inocybaceae

靴耳属 *Crepidotus*

62 黏锈耳 *Crepidotus mollis*（Schaeff.）Staude

63 硫黄靴耳 *Crepidotus sulphurinus* Imazeki & Toki

丝盖伞属 *Inocybe*

64 赭色丝盖伞 *Inocybe assimilata* Britzelm

65 浅黄丝盖伞 *Inocybe fastigiata* f. *subcandida* Malencon

绒盖伞属 *Simocybe*

66 绒盖菇 *Simocybe centunculus*（Fr.）P. Karst.

离褶伞科 Lyophyllaceae

丽蘑属 *Calocybe*

67 香杏丽蘑 *Calocybe gambosa*（Fr.）Donk

蚁巢伞属 *Termitomyces*（鸡坳菌）

68 金黄蚁巢伞 *Termitomyces aurantiacus*（R. Heim）R. Heim

69 真根蚁巢伞 *Termitomyces eurrhizus*（Berk.）Heim（真根鸡坳菌）

小皮伞科 Marasmiaceae

雅典娜小菇属 *Atheniella*

70 黄白雅典娜小菇 *Atheniella flavoalba*（Fr.）Redhead et al.

老伞属 *Gerronema*

71 木生老伞 *Gerronema nemorale* Har. Takah.

小皮伞属 *Marasmius*

72 小皮伞 *Marasmius* sp.

73 硬柄小皮伞 *Marasmius oreades*（Bolton）Fr.

74 紫红小皮伞 *Marasmius pulcherripes* Peck

小菇科 Mycenaceae

小菇属 *Mycena*

75 纤弱小菇 *Mycena alphitophora*（Berk.）Sacc.

76 角凸小菇 *Mycena corynephora* Maas Geest.

光茸菌科 Omphalotaceae

联脚伞属 *Connopus*

77 堆裸脚伞 *Connopus acervatus*（Fr.）Hughes et al.

裸柄伞属 *Gymnopus*

78 绒柄裸脚伞 *Gymnopus confluens*（Pers.）Antonin et al.

79 堇紫金钱菌 *Gymnopus iocephalus*（Berk. & M.A. Curtis）Halling

微皮伞属 *Marasmiellus*

80 皮微皮伞 *Marasmiellus corticum* Singer

81 狭褶微皮伞 *Marasmiellus stenophyllus*（Mont.）Singer

泡头菌科 Physalacriaceae

蜜环菌属 *Armillaria*

82 蜜环菌 *Armillaria mellea*（Vahl）Kumm.

冬菇属 *Flammulina*

83 冬菇 *Flammulina velutipes*（Curtis）Singer

侧耳科 Pleurotaceae

亚侧耳属 *Hohenbuehelia*

84 勺形亚侧耳（地生亚侧耳）*Hohenbuehelia petaloides*（Bull.）Schulzer

85 肾形亚侧耳 *Hohenbuehelia reniformis*（G. Mey.）Singer

侧耳属 *Pleurotus*

86 白侧耳 *Pleurotus albellus*（Pat.）Pegler

87 桃红侧耳 *Pleurotus djamor*（Rumph. ex Fr.）Boedijn

88 黄毛侧耳 *Pleurotus nidulans*（Pers.）Kumn.

89 糙皮侧耳 *Pleurotus ostreatus*（Jacq.）Kumm.

90 肺形侧耳 *Pleurotus pulmonarius*（Fr.）Quél.

光柄菇科 Pluteaceae

光柄菇属 *Pluteus*

91 灰光柄菇 *Pluteus cervinus*（Schaeff.）Kumm.

92 狮黄光柄菇 *Pluteus leoninus*（Schaeff.）Kumm.

93 帽状光柄菇 *Pluteus petasatus*（Fr.）Gillet

包脚菇属 *Volvopluteus*

94 黏盖包脚菇 *Volvopluteus gloiocephalus*（DC.）Vizzini et al.

小脆柄菇科 Psathyrellaceae

小鬼伞属 *Coprinellus*

95 白小鬼伞 *Coprinellus disseminatus*（Pers.）Lange

96 晶粒小鬼伞 *Coprinellus micaceus*（Bull.）Vilgalys et al.

拟鬼伞属 *Coprinopsis*

97 墨汁拟鬼伞 *Coprinopsis atramentaria*（Bull.）Redhead et al.

98 白绒鬼伞 *Coprinopsis lagopus*（Fr.）Redhead et al.

鬼伞属 *Coprinus*

99 墨汁鬼伞 *Coprinus atramentarius*（Bull.）Fr.

100 毛头鬼伞 *Coprinus comatus*（O.F. Müll.）Pers.

101 小假鬼伞 *Coprinus disseminatus*（Pers.）Gray

脆柄菇属 *Lacrymaria*

102 毡毛小脆柄菇 *Lacrymaria lacrymabunda*（Bull.）Pat.

花褶伞属 *Panaeolus*

103 环带斑褶菌 *Panaeolus cinctulus*（Bolten）Sacc.

近地伞属 *Parasola*

104 射纹近地伞 *Parasola leiocephala*（P.D. Orton）Redhead et al.

105 薄肉近地伞 *Parasola plicatilis*（Curtis）Redhead et al.

106 丛毛小脆柄菇 *Psathyrella kauffmanii* A.H. Sm.

107 乳褐小脆柄菇 *Psthyrella lactobrunnescens* Smith

小脆柄菇属 *Psathyrella*

108亚美尼亚小脆柄菇*Psathyrella rugocephala*（Atk.）Smith

裂褶菌科 Schizophyllaceae

裂褶菌属 *Schizophyllum*

109裂褶菌 *Schizophyllum commune* Fr.

球盖菇科 Strophariaceae

田头菇属 *Agrocybe*

110平田头菇 *Agrocybe pediades*（Fr.）Fayod

111田头菇 *Agrocybe praecox*（Pers.）Fayod

鳞伞属 *Pholiota*

112毛腿鳞伞 *Pholiota mutabilis*（Schaeff.）Kumm.

口蘑科 Tricholomataceae

色孢菌属 *Callistosporium*

113暗红褐色孢菌 *Callistosporium luteo-olivaceum*（Berk. & M. A. Curtis）Singer

雅薄伞属 *Delicatula*

114雅薄伞 *Delicatula integrella*（Pers.）Fayod

香蘑属 *Lepista*

115花脸香蘑 *Lepista sordida*（Schumach.）Singer

脐菇属 *Omphalia*

116小白脐菇 *Omphalia gracillima*（Weinm.）Quel.

囊泡杯伞属 *Singerocybe*

117白漏斗辛格杯伞 *Singerocybe alboinfundibuliformis*

拟口蘑属 *Tricholomopsis*

118朱红拟口蘑 *Tricholomopsis rutilans*（Schaeff.）Singer

木耳菌目 Auriculariales

木耳科 Auriculariaceae

木耳属 *Auricularia*

119毛木耳 *Auricularia cornea* Ehrenb.

120皱木耳 *Auricularia delicata*（Fr.）P. Henn

121短毛木耳 *Auricularia villosula* Malyshera

黑耳属 *Exidia*

122葡萄状黑耳 *Exidia uvapassa* Lloyd

牛肝菌目 Boletales

牛肝菌科 Boletaceae

牛肝菌属 *Boletus*

123 细绒牛肝菌 *Boletus subtomentosus* L.

松塔牛肝菌属 *Strobilomyces*

124 半裸松塔牛肝菌 *Strobilomyces seminudus* Hongo

粉孢牛肝菌属 *Tylopilus*

125 新苦粉孢牛肝菌 *Tylopilus neofelleus* Hongo

鸡油菌目 Cantharellales

锁瑚菌科 Clavulinaceae

锁瑚菌属 *Clavulina*

126 珊瑚状锁瑚菌 *Clavulina coralloides*（L.）Schrot

拟层孔菌科 Fomitopsidaceae

波斯特孔菌属 *Postia*

127 香褐腐干酪菌 *Postia stiptica*（Pers.）Jülich

地星目 Geastrales

地星科 Geastraceae

地星属 *Geastrum*

128 毛嘴地星 *Geastrum fimbriatum* Fr.

129 粉背地星 *Geastrum rufescens* Pers.

130 袋状地星 *Geastrum saccatum* Fr.

皱孔菌科 Meruliaceae

革盖菌属 *Coriolus*

131 鲑贝革盖菌 *Coriolus consors*（Berk.）Imaz.

硬皮马勃科 Sclerodermataceae

豆马勃属 *Pisolithus*

132 豆包马勃 *Pisolithus tinctorius*（Pers.）Coker & Couch

黏盖牛肝菌科 Suillaceae

乳牛肝菌属 *Suillus*

133 酸味黏盖牛肝菌 *Suillus acidus*（Peck）Sing.

134 空柄乳牛肝菌 *Suillus cavipes*（Opat.）A.H. Sm. & Thiers

135 黄乳牛肝菌 *Suillus flavus*（With. ex Fr. ）Sing.

136 腺柄黏盖牛肝菌 *Suillus glandulosipes* Sm. et Th.

137 点柄乳牛肝菌 *Suillus granulatus*（L.）Roussel

褐褶菌目 Gloeophyllales

褐褶菌科 Gloeophyllaceae

褐褶菌属 *Gloeophyllum*

138 褐黏褶菌 *Gloeophyllum sepiarium*（Wulfen）Karst

刺革菌目 Hymenochaetales

刺革菌科 Hymenochaetaceae

集毛菌属 *Coltricia*

139 肉桂集毛孔菌 *Coltricia cinnamomea*（Jacq.）Murrill

刺革菌属 *Hymenochaete*

140 佛罗里达锈革菌 *Hymenochaete floridea* Berk. & Broome

纤孔菌属 *Inonotus*

141 纤孔菌 *Inonotus* sp.

重担菌科 Repetobasidiaceae

藓菇属 *Rickenella*

142 腓骨藓菇 *Rickenella fibula*（Bull.）Raithelh

裂孔菌科 Schizoporaceae

丝齿菌属 *Fibrodontia*

143 鲑贝丝齿菌 *Fibrodontia brevidens*（Pat.）Hjortstam & Ryvarden

鬼笔目 Phallales

鬼笔科 Phallaceae

竹荪属 *Dictyophora*

144 黄裙竹荪 *Dictyophora multicolor* Berk. & Broome

散尾鬼笔属 *Lysurus*

145 五棱散尾菌 *Lysurus mokusin*（L.）Fr.

鬼笔属 *Phallus*

146 红鬼笔 *Phallus rubicundus*（Bosc.）Rr.

原毛平革菌科 Phanerochaetaceae

丽壳菌属 *Pulcherricium*

147 蓝伏革菌 *Pulcherricium caeruleum*（Lam.）Parmasto（蓝色丽壳菌）

多孔菌目 Polyporales

拟层孔菌科 Fomitopsidaceae

薄孔菌属 *Antrodia*

148 原始薄孔菌 *Antrodia primaeva* Renvall & Niemela

小红孔菌属 *Pycnoporellus*

149 光亮小红孔菌 *Pycnoporellus fulgens*（Fr.）Donk

灵芝科 Ganodermataceae

假芝属 *Amauroderma*

150 厦门假芝 *Amauroderma amoiense* Zhao et Xu

151 粗柄假芝 *Amauroderma elmerianum* Murrill

152 假芝 *Amauroderma hongkongense* L. Fan & B. Liu

153 黑漆乌芝 *Amauroderma nigrum* Rick（黑肉乌芝）

灵芝属 *Ganoderma*

154 树舌灵芝 *Ganoderma applanatum*（Pers.）Pat.

155 南方灵芝 *Ganoderma australe*（Fr.）Pat.

156 赤芝 *Ganoderma lingzhi* Sheng H. et al.

157 热带灵芝 *Ganoderma tropicum*（Jungh.）Bres.

薄孔菌科 Meripilaceae

硬孔菌属 *Rigidoporus*

158 小孔硬孔菌 *Rigidoporus microporus*（Sw.）Overeem

多孔菌科 Polyporaceae

薄孔菌属 *Antrodiella*

159 环带小薄孔菌 *Antrodiella zonata*（Berk.）Ryvarden

云芝属 *Coriolus*

160 单色云芝 *Coriolus unicolor*（Bull. ex Fr.）Pat.

隐孔菌属 *Cryptuporus*

161 中国隐孔菌 *Cryptoporus sinensis* Sheng H. Wu & M. Zang

香菇属 *Lentinus*

162 虎皮香菇 *Lentinus tigrinus*（Bull.）Fr.

褶孔菌属 *Lenzites* 革褶菌属

163 桦褶孔菌 *Lenzites betulina*（L.）Fr.(桦革褶菌)

齿脉菌属 *Lopharia*

164 灰齿脉菌 *Lopharia cinerascens*（Schwein.）G. Cunn

多孔菌属 *Polyporus*

165 漏斗多孔菌 *Polyporus arcularius*（Batsch）Fr.

红孔菌属 *Pycnoporus*

166 朱红栓菌 *Pycnoporus cinnabarinus*（Jacq.）P. Karst.

167 血红密孔菌 *Pycnoporus sanguineus*（L.）Murrill

栓孔菌属 *Trametes*

168 球果栓菌 *Trametes coccinea*（Fr.）Hai J. Li & S.H. He

169 雅致栓孔菌 *Trametes elegans*（Spreng.）Fr.

170 杂色栓菌 *Trametes versicolor*（L.）Lloyd(云芝)

干酪菌属 *Tyromyces*

171 肉红干酪菌 *Tyromyces incarnatus* Imaz.

172 类舌状干酪菌 *Tyromyces raduloides*（Henn.）Ryv.

红菇目 Russulales

耳匙菌科 Auriscalpiaceae

小香菇属 *Lentinellus*

173 贝壳状小香菇 *Lentinellus cochleatus*（Pers.）Karst

猴头菌科 Hericiaceae

猴头菌属 *Hericium*

174 猴头菌 *Hericium erinaceus*（Bull.）Pers.

红菇科 Russulaceae

乳菇属 *Lactarius*

175 栗褐乳菇 *Lactarius castaneus* W.F. Chiu

176 红汁乳菇 *Lactarius hatsudake* Nobuj. Tanaka

177 苍白乳菇 *Lactarius pallidus* Pers.

178 亚绒白乳菇 *Lactarius subvellereus* Peck

红菇属 *Russula*

179 红菇 *Russula* spp.

180 冷杉红菇 *Russula abietina* Peck

181 近白红菇 *Russula albidula* Peck

182 花盖红菇 *Russula cyanoxantha*（Schaeff.）Fr.

183 小毒红菇 *Russula fragilis* Fr.

184 玫瑰红菇 *Russula rosacea*（Pers.）Gray

185 变黑红菇 *Russula rubescens* Beardslee

韧革菌科 Stereaceae

韧革菌属 *Stereum*

186 韧革菌属 *Stereum* sp.

187 粗毛韧革菌 *Stereum hirsutum*（Willid.）Pers.

188 金丝韧革菌 *Stereum spectabile* Klotzsch

刷革菌属 *Xylobolus*

189 金丝趋木革菌 *Xylobolus spectabilis*（Klotzsch）Boidin

花耳纲 Dacrymycetes

花耳目 Dacrymycetales

花耳科 Dacrymycetaceae

花耳属 *Guepinia*

190 桂花耳 *Guepinia spathularia*（Schw.）Fr.

银耳纲 Tremellomycetes

银耳目 Tremellales

银耳科 Tremellaceae

银耳属 *Tremella*

191 茶色银耳 *Tremella foliacea* Pers.

192 银耳 *Tremella fuciformis* Berk

参考文献

Gardes M, Bruns T D,1993. ITS primers with enhanced specificity for Basidiomycetous application to the identification of mycorrhizae and rusts. Molecular ecology, 2: 113-118.

Hawksworth D L, Lücking R, 2017. Fungal Diversity Revisited: 2.2 to 3.8 Million Species. Microbiol Spectr, 5(4).

Kirk P M, Cannon P F, Minter DW, et al.,2008. Ainsworth & Bisbys Dictionary of the Fungi. 10th Edition. Wallingford: CABI Publishing: 771.

戴芳澜,1979. 中国真菌总汇. 北京:科学出版社.

戴玉成,2009. 中国储木及建筑木材腐朽菌图志. 北京:科学出版社.

邓叔群,1963. 中国真菌. 北京:科学出版社.

地质部地质辞典办公室,1979. 地质辞典3 古生物 地史分册. 北京:地质出版社.

贺新生,2009.《菌物字典》第10版菌物分类新系统简介. 中国食用菌,28(6):59-61.

黄年来,1998. 中国大型真菌原色图鉴. 北京:中国农业出版社.

李玉,李泰辉,杨祝良,2018. 中国大型菌物资源图鉴. 郑州:中原农民出版社.

李玉,图力古尔,2014. 中国真菌志(45卷侧耳——香菇型真菌). 北京:科学出版社.

卯晓岚,2000. 中国大型真菌. 郑州:河南科学技术出版社.

裘维蕃,1998. 菌物学大全. 北京:科学出版社.

图力古尔,朴龙国,范宇光,2017. 蘑菇与自然环境. 上海:上海科学普及出版社.

图力古尔,2012. 多彩的蘑菇世界:东北亚地区原生态蘑菇图谱. 上海:上海科学普及出版社.

图力古尔,2018. 蕈菌分类学. 北京:科学出版社.

邢来君,李明春,魏东盛,2010. 普通真菌学. 2版. 北京:高等教育出版社.

相关网站

真菌索引(index fungorum home page)http://www.indexfungorum.org/Names/Names.asp).

http://www.mushroomexpert.com/

http://fungalinfo.im.ac.cn/

https://mushroomobserver.org/

http://www.ne.jp/asahi/mushroom/tokyo/

http://www.mykoweb.com/CAF/intro.html.

附　录

一、中文名索引

二、拉丁学名索引

S

T

V

X

三、中英文对照

A

adnate 直生

adnexed 弯生

absorption 吸收营养

aerial mycelium 气生菌丝

amatoxins 毒伞肽，鹅膏毒肽

angiocarpous 被果型

Animalia 动物界

annulus 菌环

Archaea 古菌域

Ascomycota 子囊菌门

ascocarp 子囊果

ascospore 子囊孢子

ascus 子囊

B

Bacteria 细菌域

basidiocarp 担子果

Basidiomycota 担子菌门

basidiospore 担孢子

basidium 担子

C

chronometer 计时器或进化钟

clamp connection 锁状联合

class 纲

cleistothecium 闭囊壳

coenocytic hypha 无隔菌丝

contextus 菌肉

D

decurrent 延生

discocarp 子囊盘

domain 域

E

Eucarya 真核生物域

F

fairy ring 蘑菇圈

family 科

form 型

free 离生

fruiting body 子实体

fungus 真菌

G

gametangium 配子囊

gamete 配子

genus 属

gills 菌褶

gymnocarpous 裸果型

H

hemiangiocarpous 半被果型

hyphae 菌丝

I

ingestion 摄食营养

internally transcribed spacer 转录间隔区

K

karyogamy 核配

kingdom 界

L

lentinan 香菇多糖

life cycle 生活史

M

mitosis 减数分裂

Monera原核生物界

mushroom蘑菇

mycelium菌丝体

mycetozoa黏菌

O

oomycetes卵菌

order目

P

parasitism寄生

partialveil内菌幕

perithecium子囊壳

phallotoxins鬼笔毒肽

photosynthesis光合营养

phylum门

pileus菌盖

Plantae植物界

plasmodium原质团

plasmogamy质配

primary mycelium初生菌丝

Protista原生生物界

pseudoangiocarpous假被果型

pythogenesis腐生

R

reproductive mycelium繁殖菌丝

S

secondary mycelium次生菌丝

septate hypha有隔菌丝

species种

spore print孢子印

stipe菌柄

symbiosis共生

subspecies亚种

substrate mycelium基内菌丝

T

tertiary mycelium三生菌丝

three domain proposal三域学说

U

universalveil外菌幕

V

variety变种

virotoxins毒伞素

volva菌托